德式酥菠蘿烘焙全書

U0050196

奧地利寶盒的家庭烘焙

為酥菠蘿回家

酥菠蘿的四季與童年
——— 遊子與他的酥菠蘿蘋果派

曾問過背背包走天涯多年的我家先生M，聽到酥菠蘿 Streusel 時，第一個想到的是什麼？M說，「酥菠蘿」之於他，是家的另一個代名詞。

在M的成長年代裡，他對四季的記憶，總是伴隨著外婆與媽媽的手工糕點，依序從有著榛果與蘋果的春天，走入櫻桃掛樹與藍莓滿林的夏天，再來到有南瓜也有栗子的秋天，最後進入整間屋子充滿肉桂或薑餅香料粉香味的冬天。

盛產水果的夏秋時節，他的外婆與媽媽會利用從院中採得的新鮮水果做蛋糕、熬果醬，適合搭配不同水果的酥菠蘿蛋糕，幾乎週週成為週末午茶的主角；入冬前，他會跟著他的父親採收核桃與蘋果，再賴著媽媽烤個他所喜歡的，有著濃濃肉桂香的酥菠蘿蘋果派。

M說，只要媽媽在家烤酥菠蘿蘋果派的日子，彎過上坡的回家路，遠遠的，他就能聞到肉桂的氣息，然後，他會放開步子，一路跑回家。

背起背包，離開家，走入他嚮往的世界時，M才不過二十來歲。他從奧地利啟程，遊歷歐洲各國，經北美洲，走訪亞洲各國，抵達澳洲時，他離家已近兩年。

停留於澳洲期間，曾在父親的童年友伴，他尊稱為叔叔，的家裡短居。早年移民的叔叔在澳洲結識來自奧地利的嬸嬸後，就在澳洲安家與立業，再也沒有回過奧地利。

那年一月裡的一個週末，他記得，他從長途登山旅行回到叔叔家。進門時，嬸嬸說她特別烤了蛋糕要幫他補過生日……走入廚房，當他看到餐桌中央的酥菠蘿蘋果派時，對家，對親人與朋友的思念，以及許多與家人同聚的記憶一併蜂擁而至……他告訴我，那天，在叔叔一家人環繞中的他，縱然強抑情緒，還是說不出話來。

那是M離家後，第一次想家。

幾週後，M取消了飛紐西蘭與斐濟島的機票與行程，從澳洲轉台灣再直飛酥菠蘿蘋果派的家鄉，奧地利。

我們倆談起往事時，問他是否曾為自己的決定後悔？

他說當時的自己所以決定踏上歸途，是因為離開叔叔家後，所到之地，所賞之景，再美再壯觀，都已無法撼動那時開始瘋狂想家的他並阻止他的歸心。

他只是從沒想到，早已與家緊緊相連的味覺記憶，竟轉化成對家與家人的想念，成為決定回家的肇因。

吃了一輩子的食物，自然會成為一輩子都喜歡的食物；家庭的料理與烘焙，在其中，有媽媽的手工溫度，有媽媽製作時加入的愛，有全家共享的親密，還有時光為相聚留下的記憶。

因廣受喜愛而傳世
—— 歷史中的酥菠蘿糕點

酥菠蘿糕點，是指由不規則而散落、類似麵團碎屑的酥菠蘿搭配不同類型的基底，例如蛋糕麵糊、甜味酵母麵團、乳酪與植物油麵團、甜味塔派麵團等，進而完成的蛋糕、甜麵包、塔派與小西點等。歐洲德語區將所有與酥菠蘿組合的蛋糕點心統稱為「酥菠蘿糕點 Streuselkuchen」。

最早有關酥菠蘿糕點的紀錄，出現在西元 1584 年德國出版的 Nawe Zeitunge 文獻上；隨著時間，酥菠蘿糕點成為德國的薩克森省 Sachsen，以及，現為波蘭屬地的西里西亞 Schlesien 地區，最負盛名的手工蛋糕。酥菠蘿糕點並以其無可替代的美味而廣為流傳，舉凡宗教節日，婚禮，洗禮，豐年祭等，酥菠蘿成為慶典中最受人們喜愛且不可或缺的重要美食。

試想，在物資不豐又缺乏製作工具與設備的當時，頂著香酥味美酥粒的酥菠蘿糕點，製作上完全仰賴手工，僅能以柴窯烘焙，卻依然能將真滋真味深植人心，並依憑心手相傳讓食譜留傳直至四百多年後的今天。

在奧地利，眾多倍受喜愛的傳統家庭糕點中，酥菠蘿糕點類應屬其中最具代表性的家庭點心之一，之所以深受歡迎，除了它的特殊性與多元性之外，也因為：

1. 隨手可得的家庭常備食材
2. 婆婆媽媽的無食譜手感糕點
3. 無關複雜的操作步驟與工序
4. 搭配與組合的變化性強
5. 多數食譜能夠快速製作並立即享用
6. 沒有苛刻的保存條件
7. 適合於家宴與慶典中共享，份量可依家族成員調整
8. 無模具限制並可藉簡單的製作工具完成
9. 以真滋味取勝的零裝飾糕點
10. 從孩童到銀髮族都熟悉與喜歡

家傳的美味，真正牽動的是我們的心，將帶著感情的滋味傳家，是此而成經典。

【註釋】
德文 Kuchen 的中文翻譯是「蛋糕」，確實的德文語意不僅限於我們所認知的「蛋糕」，其實也包括以內含奶油、雞蛋、糖等材料的發酵甜麵團所製成的精緻甜味點心（麵包），中文中因沒有類似的詞彙，僅取與語意較為接近的「糕點」作為統稱翻譯。

在生活中
加點甜，加點愛

無論酥菠蘿的正名與別稱是什麼，無論它在時光裡進行著什麼樣的旅行，造訪過哪些城鄉，路過哪些人家，經過多少雙手，停駐過多少心港，又有著什麼樣的故事……餐桌上的酥菠蘿糕點，永遠帶著情感的聚合力。

去年中旬送出酥菠蘿食譜書企劃案，當新食譜書提案通過時，M的開心不下於我。有什麼能比自己的太太，把代表自家文化的美食，介紹給中文世界裡的家庭烘焙人，更值得高興與驕傲的事？

擁有400多年歷史，充滿著溫度與暖度的酥菠蘿糕點，隨著時間與地域變遷，隨著人們的口味偏好，演變至今。現代的酥菠蘿糕點有著更多樣的搭配與組合，更完整的風味與層次，並始終保有質樸外觀，以豐富的食材真味為本，成為一直以來最受人們喜愛的甜點之一。

將酥菠蘿應用於糕點製作的品項與範圍非常之廣，可寫的食譜實在太多；經篩選後，捨棄需要特定材料的食譜（主要因為食材本身的風味特殊性，無法藉由替換食材而複製滋味）。書中所囊括的酥菠蘿食譜，均屬各大類中最受喜歡，最為經典的美味食譜，百分之九十的材料屬家庭常備食材，小部分較為特殊的材料，或能以屬性類似的食材替代，或可在材料行購得。

特定的風味香料，例如，用於製作「阿爾卑斯山傳統果餡薑餅」所需的「薑餅綜合香料粉」，可依書中提供的食譜，在家調配完成。即使在世界不同角落，一樣有機會品嚐藏於阿爾卑斯山中的傳統美味。

書中同時收錄德語區與波希米亞 Bohemia 地區最具代表性的「酥菠蘿罌粟籽蛋糕」。罌粟籽在台灣等地取得不易，而在其他區域並不受限。如有機會，非常推薦嘗試以罌粟籽結合酥菠蘿的難忘風味魅力。

這本以《酥菠蘿》為名的食譜書，紀錄的，不只是酥菠蘿應用於蛋糕、塔派、麵包、點心等的製作方法與技巧，也囊括我二十多年來的家庭烘焙經驗與心得。

整本食譜書依據家庭烘培人的需求而設計，以烘焙工具書的概念編輯而成，除了食譜、材料細節、分段步驟圖、操作解說、重點提示之外，另外還匯集糕點製作可能出現的狀況以及與之對應的解決方法、心得筆記、風味組合提案等。

全書食譜均以「不跳步驟、不省工序、配方確實、解說完整、細節透明、重點精要」完成，符合不同階段的自學人士與家庭烘焙人的學習需要。掌握按部就班、依序操作的原則，只需留心步驟與烘焙的重點，即使選擇工序較多，難度較高的食譜嘗試，一樣能順利完成一如書中照片的酥菠蘿糕點。

陪伴我走夢想的你
在我心田中留下芳香的你

在整段酥菠蘿糕點的企劃與製作過程中，我的身邊，我的遠方，都有著陪伴我走夢想的好人。他們保留生命中一部份珍貴的時間與力量，願意成為我的夢想的贊助人，沒有干涉，沒有批判，沒有阻擋，沒有懷疑，只是一直以支柱般的存在，為我的夢想站崗。

這其中，包括不萊嗯。他不只是在他的庭園裡栽滿花朵，他也不斷在我的心田裡留下芳香。很幸運的，在高峰與低谷期都能有他為伴，與他同行。正因如此，更能感知其中的不易。

無論何時，製作人 Pierre 總讓我知道，在他的屋頂下，可以找到我所需要的休憩與停靠。每一次，在充滿關切與鼓舞的視訊裡，他一定都會再次邀請我重回他蒙特婁的家裡客居。這個世界上，不是每個人都能像他一樣，隨時為友人，打開他的家門，敞開他的心門，並願意像棵大樹，成為一片庇蔭。

因籌備酥菠蘿食譜書的緣故，與我家先生 Manfred，因此共同度過了一段既難得也難忘的甜蜜時光。我們在一起，品嚐了很多酥菠蘿糕點，說了很多話，牽著手走了很長的路。他的誠實建議幫助我重新審思，他用默默陪伴幫助我度過困境，並在每個我需要他的時候，邁步向前伸出援手，毫無保留的做太太的啦啦隊長。

還有，我的台灣與奧地利友人，社團的前輩與朋友們，出版社的編輯與設計同仁，熟識多年卻從未謀面的烘焙人……寫書時期得到許多支持協助，許多關心問候，都記得，都感謝。

對我來說，沒有什麼比擁有他們的陪伴與信任，更幸運且更幸福的事。

也因為這樣，每則酥菠蘿食譜書的糕點能夠在充滿愛與期待的靜好心緒中完成；是因為他們，每個酥菠蘿中都揉入了足夠的愛，並有著讓人動心，讓人動容的溫度。

我希望，藉這本食譜書，能將酥菠蘿糕點中所蘊藏的美好，一併帶進你的世界裡，帶進你的廚房裡，帶進你的日常裡。並期望，經由您的好手藝，酥菠蘿糕點特有的溫甜酥美，也能成為你的所愛，你的甜蜜，你日日常在的幸福滋味。

並深深希望每則酥菠蘿食譜，都能為你換得一段無可替代的珍貴記憶。

讓我們繼續在生活中，加點甜，加點愛。

我們的酥菠蘿 ——
你說 Crumb，我說 Streusel

酥菠蘿「Streusel」一辭源於德語，意指碎屑、碎片，也有散落或散佈的意思；之後辭意延伸成酥菠蘿糕點，用於稱呼「以搓揉粉糖油而成的碎麵團屑，完成的各式甜點、蛋糕、甜麵糕點」。北美區，或延用德語「Streusel」外來語字彙，或依據酥菠蘿外型而稱之為「Crumb」。Streusel 與 Crumb 雖為兩個不同的單辭，說的同樣都是「酥菠蘿糕點」。

傳統德式的酥菠蘿，只使用「麵粉、糖、油脂」三大基礎食材，**經典配方的粉糖油比例為 2 ： 1 ： 1**。由於主要搭配鮮果糕點，為平衡鮮果的高水分，並不加雞蛋或牛奶或其他液態食材，質地較偏乾燥。酥菠蘿依材料比例差異，而有「硬酥」與「軟酥」兩種不同口感，最常用於撒在糕點上成酥頂層，製作成糕點的酥底，或綜合兩者，以酥底為托盤、酥頂為蓋的方式呈現。

至於美式的酥菠蘿，以較普及並受喜愛的食譜為例，糖與油脂比例相對都比德式的酥菠蘿高，特別是糖量多半高於麵粉重，甚至高達麵粉量的 1.5 ～ 1.8 倍之多，**粉糖油各為** 4.0 ： 5.0 – 7.5 ： 2.5 – 4.0 **是美式酥菠蘿的常見比例**。

若以食譜的整體比例相較，可知美歐兩地飲食偏好並非全然相同。

德式酥菠蘿糕點的七個特點：

1 傳統多以冷藏奶油製作，現代也使用室溫奶油與焦化奶油。為確保酥菠蘿的酥美特質與外觀特色，使用室溫奶油與融化奶油等軟質奶油製作而成的酥菠蘿，都會冷藏至少 30 分鐘才使用。

2 使用以酵母發酵的甜味麵團製成的酥菠蘿糕點，屬最具代表性的德式傳統糕點之一。

3 當酥菠蘿作為酥頂之用時，幾乎不添加泡打粉或是烘焙蘇打粉等膨脹劑。

4 多以細砂糖製作，也用紅糖 Brown sugar，或混合砂糖與紅糖製作。不使用糖粉。

5 多會另加小撮鹽以提昇甜味的深度。雖然許多傳統食譜，鹽並沒有出現在配方表之中。

6 多藉由不同的堅果、種籽，以及辛香料建立風味層次，許多酥菠蘿中同時蘊藏著純釀利口酒 Liqueur 的餘韻。

7 手搓酥菠蘿始終是老奶奶的日常。酥菠蘿誕生於電力與機械都不存在的年代，時至今日，雖已有現代化的家電代勞，還是鼓勵試試用手搓揉製作酥菠蘿，體會一下「有著手溫的酥菠蘿，始終是最有暖意的酥菠蘿」的真義。

你說 Crumb，我說 Streusel，說的都是我們喜歡的酥菠蘿。

CHAPTER 1

酥菠蘿的起點

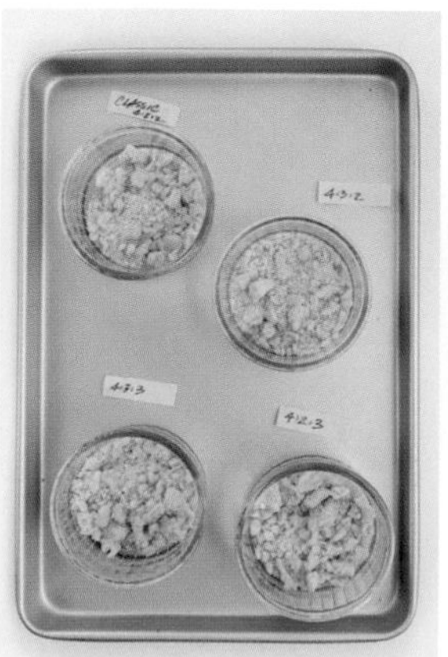

CHAPTER 2

走過歲月的酥菠蘿——蛋糕

CHAPTER 3

酥菠蘿的美好時光——
酥餅。塔派

CHAPTER 4

日日常在的酥菠蘿——麵包。司康

SPECIAL——

烘焙廚房的添味法寶

[食譜導讀]

食譜分類與材料順序

食譜分類與材料細目的順序，是依據整體操作順序，以及步驟中取用材料的先後次序列出。

食譜配方均以品項分類並依序編排，如酥菠蘿食譜、蛋糕食譜、內餡食譜等。品項分類列序同為製作順序，大致分為：前置、製作、備用、組合、入爐前裝飾、烘焙、出爐、烘焙後裝飾等，依序編排。以酥菠蘿蛋糕為例，作為酥頂的酥菠蘿雖在組合最後才加入，但因酥菠蘿需冷藏靜置，須於製作蛋糕麵糊前準備，是故分類順序上酥菠蘿食譜會列在蛋糕食譜之前。

某些材料，例如糖，會重複出現在酥菠蘿中、蛋糕中、也在內餡中，分類明列有助於避免錯誤，瞭解烘焙百分比，以及增加變化組合等優點。

為避免混淆並降低分段操作過程中錯取食材的失誤，重複出現的材料，另外加上編號呈現，如：中筋麵粉③。

每個分類中的材料順序，就是操作的取用順序。舉例來說，材料依序為：奶油、糖、蛋、麵粉。所以在操作上，第一個使用的材料是奶油，最後一個加入的材料是麵粉。以材料順序編排的最大優點是我們能依據材料順序而略微瞭解操作流程：油糖打發 → 加雞蛋打發 → 拌入麵粉。再加上閱讀步驟解說並對照步驟圖，就能提高操作上的精確度。

操作步驟中所需的手粉、清水、烤模抹油撒粉所需的奶油與麵粉等材料，都屬食譜份量外。

測量單位與攝氏溫標

全書食譜使用公制單位與攝氏溫標。

質量：以公克 gram 測量，簡寫為 g。

長度：以公分 centimeter 測量，簡寫為 cm。

容量：也是液體的體積。為方便家庭烘焙人，鮮奶等液態材料均以公克 gram 測量，簡寫為 g。

溫度：使用攝氏 Celsius 溫標，簡寫為℃。

微量材料計量：小匙、小撮、適量

為微量材料計量時，以使用微量電子秤最為精準，大部分的微量材料可利用規格統一的量匙計量，既方便也快速許多。

量匙

僅需小量的材料，如香料、膨脹劑、利口酒等。使用標準美式量匙測量，一套四件，分別為大匙、小匙、1/2 小匙、1/4 小匙。配方中的 1½ 小匙表示應用份量為 1 小匙 + ½ 小匙。使用量匙為固態材料測量，例如泡打粉，應以平匙為準，將泡打粉舀起來後刮平才是正確份量。

手感量

極微量的材料，例如製作糕點時所加的鹽，僅需一點點，無法用量匙來測量，均以「1 小撮」標示。所謂的 1 小撮是指以食指與拇指能夠捏起的份量。那麼，1 小撮的鹽到底多重？使用微量電子秤多次為 1 小撮鹽測重，結果都在 0.20 ～ 0.30 公克之間。

多少量才算是「適量」？

依字面解釋，可說是適合於自己的份量。例如在蛋糕上撒「適量的糖粉」，喜歡就多一點，不喜歡也可省略。

材料的溫度

所用材料如非特別註明，均以「室溫溫度」為準。

註明冷藏溫度的材料，只需在製作時再從冰箱冷藏室取出，使用時的溫度約為 5℃～7℃。

所有需經煎煮蒸炒烘烤等前置步驟的材料，如非特別註明，都應在完全冷卻後才使用。

材料的狀態

所用的水果都以所需的果肉淨重為準。另依需要加註使用時應切成塊或切片，大小與厚薄等。

所需材料的外型亦會標註在配方中，以利採購與備料，例如片狀、塊狀、顆粒狀、粉狀等。以杏仁為例，或以整顆杏仁、杏仁片、杏仁角、杏仁磨成的細粉等不同外型用於不同階段的製作中。

新鮮酵母或是乾燥酵母。

材料資訊與標示

部份材料名稱另標示成分資訊，以排除不適合的材料。在配方表中常見的有：無鹽、原味、全脂、乳脂肪含量、巧克力可可脂的百分比、「動物」鮮奶油（以區別植物鮮奶油），「烘焙」可可粉（以區別經調味的可可即溶包）、中號雞蛋等。

重要步驟後的提示 TIP

緊接重要步驟之後的重點提示以「TIP」標示，其中包括與重要步驟操作相應的關鍵重點、學習解說、狀態判斷、以及狀況處理等。為避免影響閱讀與正規步驟的操作，TIP 以較小的淺灰色字體呈現以區隔主文。

烘焙溫度與烘焙時間

烘焙溫度與烘焙時間是依據食譜份量，以容積約 70 公升的歐規家庭烤箱完成的烘焙紀錄。

各家廠牌的烤箱規格不同，設計各有殊異，書中的烘焙溫度與烘焙時間都屬參考數值。實際操作時，應依據自家烤箱的實際性能做適當調整。

我的家用烤箱並無分開調整上溫與下溫的功能，且因蛋糕、麵包、糕點等都不適於以旋風功能烘焙，故書中食譜全部使用「上下同溫」烘焙。

如家用烤箱無法關閉旋風裝置，請依食譜建議溫度調降 20℃。例如，使用上下同溫功能時使用的烘焙溫度是 180℃，以旋風功能烘焙的溫度應降低為 160℃。

烘焙方式、出爐、脫模、保鮮、儲存

每則食譜的烘焙欄內，不僅標示烘焙溫度與烘焙時間，並有其他相關資訊，包括：烘焙方式、以烤模烘焙的糕點應放置在網架或烤盤上，入烤箱時的位置、烘焙程度與出爐判定、出爐後靜置時間、脫模時間點、脫模後的處理、或包括保質方法與建議、保鮮時間……等等。

烘焙模具的
替換與材料換算

酥菠蘿食譜書針對家庭烘焙，除了酵母製作的麵包甜點之外，
均屬適合家庭的小份量，並盡可能以家庭常備的烤模與烤盤製作。
以下介紹全書使用到的烤模類型、特點與對應的食譜。

烤模細目與適用範圍 —— 圓形烤模、方形烤模

烤模與烤盤	規格	特點	適用	食譜
圓形 蛋糕模 A	直徑 18 公分 高度 7.5 公分	分離式 活動模 防沾	蛋糕、 酥點等	經典奶油酥菠蘿 青蘋果乳酪蛋糕 p.070 榛果椰子酥菠蘿 芒果黑莓蛋糕 p.082 香料核桃酥菠蘿 黑李子蛋糕 p.092 開心果酥菠蘿 抹茶馬斯卡彭蛋糕 p.134 榛果肉桂酥菠蘿 林茲蘋果塔 p.200
圓形 蛋糕模 B	直徑 24 公分 高度 7.5 公分	分離式 活動模 防沾	蛋糕、 酥點等	酥烤酥菠蘿 蘋果杏仁鑲蛋糕 p.104 肉桂酥菠蘿 肉桂核桃蘋果鬆糕 p.124
圓形 高塔模	直徑 18 公分 高度 4.0 公分	分離式 活動模 防沾	蛋糕、餡料較豐的 甜鹹塔派 俗稱鹹派用烤模	胡桃酥菠蘿 巧克力花生乳酪塔 p.186 酥烤榛果酥菠蘿 煙燻海鹽焦糖甘納許塔 p.206
圓形 法式塔圈	直徑 15 公分 高度 2.0 公分	洞洞塔圈 無底盤	法式甜塔、 水果塔等	酥烤開心果抹茶酥菠蘿 開心果塔 p.192

烤模與烤盤	規格	特點	適用	食譜
正方形 烤模	20×20 公分 高度 5.0 公分	固定模 防沾 圓角設計	蛋糕、酥餅、 布朗尼等 俗稱布朗尼模	燕麥花生酥菠蘿 花生果醬乳酪蛋糕 p.076 肉桂多多酥菠蘿 酸奶油午茶蛋糕 p.098 胡桃酥菠蘿 香蕉胡桃蛋糕 p.112 芝麻酥菠蘿 黑芝麻櫻桃蛋糕 p.118 奶油酥菠蘿 黑李與罌粟籽優格蛋糕 p.130 大理石酥菠蘿 巧克力乳酪布朗尼 p.142 阿爾卑斯山傳統果餡薑餅 p.152 黑芝麻酥餅 p.158 蜂蜜核桃酥菠蘿 南瓜慕斯方塊 p.164 椰子酥菠蘿 椰蓉果醬酥餅 p.170 蘋果罌粟籽酥餅 p.174
長方形 蛋糕烤模	24×7.7 公分 高度 6.2 公分	固定模 防沾 直角設計	磅蛋糕、 長條蛋糕等 俗稱水果條或磅蛋糕模	紅糖酥菠蘿 紅栗南瓜香料蛋糕 p.088
長方形 深烤模	29×18 公分 高度 5.0 公分	固定模 珐瑯塗層 防沾 圓角設計	麵包、 蛋糕、 焗烤等	奧地利酥菠蘿奶油餐包 p.244
大烤盤	30×40 公分 高度 4.0 公分	固定模 防沾	烤盤蛋糕、 烤盤麵包	杏仁酥菠蘿 紅柿格雷派 p.180 榛果奶油酥菠蘿烤盤麵包 p.220 杏仁膏酥菠蘿 黑芝麻酥菠蘿麵包捲 p.228 椰蓉酥菠蘿 葡萄乾椰蓉奶酥麵包 p.250 水蜜桃乳酪夾心酥菠蘿切片 p.262 核桃肉桂酥菠蘿 地瓜肉桂捲 p.270
餅乾烤盤	20×30 公分 高度 4.0 公分	固定模 防沾	司康、 餅乾、 小點心	橙皮酥菠蘿 橙橙司康 p.280

模具替換與材料換算

圓形烤模的簡易換算表

指定的圓形烤模規格，直徑 18cm		材 料
替換 圓形烤模規格	直徑 20cm	×1.23
	直徑 22cm	×1.49
	直徑 24cm	×1.78
	直徑 26cm	×2.09

方形烤模的簡易換算表

指定的正方形烤模規格，20×20cm		材 料
替換 正方形烤模規格	18×18cm	×0.81
	22×22cm	×1.21
	24×24cm	×1.44
	28×28cm	×1.96
替換 圓形烤模規格	直徑 18cm	×0.64
	直徑 20cm	×0.79
	直徑 22cm	×0.95
	直徑 24cm	×1.13
	直徑 26cm	×1.33

- 1 英吋＝ 2.54 公分。
- 8 吋圓形烤模＝ 2.54 公分 ×8 ＝ 20.32 公分。查閱材料資訊時，四捨五入，以直徑 20 公分圓形為準。
- 烤模換算表內的數據，是以兩個烤模的面積比而得的運算結果。

  簡單的説，公式是：

  你的烤模面積（被除數）／我的烤模面積（除數）
  ＝材料換算百分比（商）

  以烤模面積比所得的材料換算百分比，蛋糕的高度是一樣的。也就是説，以我的直徑 18 公分烤模完成高 5 公分的蛋糕，換算成你的直徑 24 公分烤模，完成的蛋糕也是 5 公分。
- 更換烤模應依比例重新計算材料重量。

  換用烤模時，應根據烤模尺寸計算所需材料，才不會發生蛋糕太厚或太扁的狀況。

  糕點中加入鮮果、冷凍莓果、奶油乳酪等材料，糕點厚薄度會直接影響質地與口感。
- 雞蛋怎麼換算？

  食譜材料中的雞蛋多半以「個」為全蛋的計量單位。換用不同烤模，需依比例調整配方時，先秤一個全蛋蛋汁的實重，就能推算出適用於你所用的烤模的份量。同樣的計量方法也同時適用於 3.4 個蛋黃或 5.8 個蛋白的計算。

  酥菠蘿食譜書中全部使用中號雞蛋，可用：全蛋重量 50 公克、蛋白 30 公克、蛋黃 20 公克，作為計算基準。
- 更換烤模後烘焙溫度不變，烘焙時間應依實物的烘焙程度或減短或增長。
- 如果更換烤模，不換算材料差額，以直徑 18 公分的烤模配方為例，直接用直徑 20 公分烤模烘焙，可以預期的是蛋糕較扁。以同樣的溫度烘焙，因受熱面積較大，所需烘焙時間也相對較短。

CHAPTER

1

酥菠蘿的起點

Introduction of Streusel

酥菠蘿糕點
製作的基本配備

學習烘焙之後，才知道什麼叫做「買不完」。隨著烘焙年資增長，逛街時順手帶回家的打蛋器，數量上竟然遠遠超過曾經很愛的眼影與口紅。經年累積下來的用具與工具、烤模與烤盤，不斷擴大面積，買箱子裝不完，就買櫃子，就這樣，家裡立起一個又一個的櫃子，幾年間竟然也有小型個人烘焙坊規模。

靜心細想，滿倉滿谷的用具與模具中，真正喜歡的，用得順手的，其實永遠都是其中的幾件，絕大部分不過是佔據空間的存在。完成美味酥菠蘿糕點需要的只是練習與體會，僅此而已。

製作酥菠蘿糕點所需的基本配備，多屬烘焙基本與家中常備的器具。以下依使用頻率整理出必備的、輔助用的器具與測量用具，提供參考。大家盡可能以自己平時使用的、順手的工具與用具為主即可。

固定使用

計量用：電子秤、量匙。

製作用：不鏽鋼攪拌盆、玻璃或陶瓷調理盆、大小篩網、打蛋器、矽膠刮刀、矽膠刷、刮板、叉子、茶匙與湯匙、網架等等。

其他：電子計時器。

經常使用

計量與測溫用：微量電子秤、溫度計。

製作用：削皮刀、手動搾汁器、刨絲器、檸檬與柑橘皮刨皮刮絲器、剪刀、抹刀、小水果刀、蛋糕刀、麵包刀、長尺、擀麵杖、烤盤矽膠墊、噴水器等等。

其他：計算機、直徑 16 ～ 18 公分的厚底小鍋。

zenker

必備家電

手提／立式電動攪拌機。手提攪拌機用於製作蛋糕與塔派點心，馬力較強的立式攪拌機適於需揉麵團的麵包類，製作大份量的糕點。

小型食物調理機，容量 600 ～ 1000 毫升 mL 足以應付書中食譜需要。

烘焙必備測量工具

電子秤

細心並精準衡量每件材料是邁向成功的第一步。準備精密度高的電子秤是絕對必要的。

電子秤

最小計量 1 公克，最大計量 3 公斤，足以因應絕大部份家庭烘焙的需要。質量優良性能穩定的電子秤能長期使用，是最重要也是必備的烘焙測量工具。

微量電子秤

最小計量 0.01 公克（等於 1 厘克），最大計量 500 公克，用於衡量微量材料，例如酵母粉、鹽、珍貴香料等。特別在麵包的製作上，微量電子秤能精準地為每個麵包配方中都需要 1.0% ～ 2.0% 的鹽計量，屬必備的測量工具之一。

電子微量湯匙秤

電子微量湯匙秤的用途與功能都與微量電子秤相同，只需選擇其中一種。

* 食譜書中固態與液態材料，均以秤重方式計量，並統一以公制單位中的公克，簡寫為 g 標示。

量匙

烘焙用的量匙設計並沒有標準，美國與澳洲所用的量匙大小份量也不同。食譜中所用的量匙以美式量匙為準。計量為 1 大匙 = 3 小匙。烘焙中，針對微量材料，例如膨脹劑、香草精、珍貴香料、利口酒……等，都可利用量匙來衡量所需的份量。

市售 5 件式量匙組分大匙、小匙、1/2 小匙、1/4 小匙、1/8 小匙。我所用的量匙組缺 1/8 小匙，只有其他 4 件。

正確使用量匙的方法：

食譜中的材料份量無論是 1 大匙或是 1/2 小匙，都以「平匙」量為準，也就是用所要求的量匙舀起來後再刮平的份量。

當我們用量匙衡量粉末狀材料，如泡打粉、烘焙蘇打粉、鹽等，如果量匙舀起來後不刮平，會比刮平後的份量超過 40% ～ 55% 之多。食材體積（顆粒）越小，密度越大，所產生的差距越大。看似微小的差異，有時候卻是導致成品失敗與口感失衡的主因；例如超量烘焙蘇打粉會造成蛋糕坍塌，並在蛋糕中留下明顯的皂味。

衡量液態食材時，例如香草精、檸檬汁，蘭姆酒等材料，因液態材料會自成水平狀態，不需要達到平匙的要求。

如果手邊有微量電子秤，當然可利用電子秤。以個人經驗來說，用量匙衡量，不必另外計算不同材料的不同密度差異，快速方便許多。

酥菠蘿糕點的必備材料

酥菠蘿食譜書專為家庭烘焙人設計，百分之九十以上的必備材料可自中大型超市購得。以下簡述製作酥菠蘿糕點所需的必備材料及其特性。

酥菠蘿的三大基礎材料

製作酥菠蘿所需的三大基礎材料為：粉、糖、油。所使用的主材料為：**中筋小麥麵粉**（粗蛋白含量 Protein content 達到 11%）、**特細白砂糖**（蔗糖或甜菜糖）、**無鹽發酵奶油**（歐規 82% 乳脂肪）。

酥菠蘿糕點的必備材料

麵粉

中筋小麥麵粉：又稱為「通用粉 All Purpose Flour」，粗蛋白含量Protein content在9%～12% 之間。我所使用的中筋麵粉粗蛋白含量 11%，奧地利分類編號是 Type W 480。

高筋小麥麵粉：粗蛋白含量 Protein content12% ～ 14% 之間。我所使用的是細磨高筋麵粉，粗蛋白含量 14%，奧地利分類編號是 Type W 700。

糖

以白色特細砂糖為主要用糖。奧地利盛產甜菜糖，我所用特細砂糖與糖粉都是奧地利產的甜菜糖。除細砂糖之外，淺色與深色紅糖 Brown sugar、糖粉等都是書中食譜經常使用的糖。蛋糕與麵包的製作應以細糖為主，糖粒過粗會影響打發與吸收，並影響成品的質地。粗糖可用於風味酥頂、肉桂捲中、糖脆裝飾等。

鹽

以未加碘的海鹽與岩鹽為主。鹽，在烘焙中是重要材料，不僅僅能提味與調味，也有其重要的功能性，尤其在麵包製作上，鹽能直接影響發酵、質地、上色程度、風味等。鹽的用量雖微，但絕不可省略。鹽的添加與否、鹽的種類、所需的確實份量都會在食譜材料欄中明列。當使用顆粒較粗的鹽時，應先磨碎或使用小型食物調理機打碎後使用；製作酵母麵團時，大顆粒的鹽可先用少量溫水（食譜材料份量內）化開後再使用，以利於麵團吸收。

植物油

從植物中提煉，能在室溫中保持液態狀態的油脂。用於烘焙的植物油建議選擇氣味中性的植物油，如菜籽油、大豆油、葵花籽油等為佳。植物油在本書中使用率極低。

無鹽奶油

含有 82% 乳脂肪與 16% 水分的無鹽發酵奶油 Unsalted Cultured Butter（在奧地利被稱為 Teebutter），有溫和的微酸味與天然甜奶油味，在奶油分級中屬質量等級最高的奶油。全書食譜所使用的無鹽奶油都是發酵奶油。奶油的溫度與狀態，於不同品項的製作上，至為關鍵，備料時需特別留意奶油溫度訊息。

雞蛋

以中號雞蛋為主，帶殼重 53 ～ 63 公克，蛋白重量約為 32 ～ 38 公克，蛋黃重量約為 21 ～ 25 公克。小份量食譜有時並不需要整顆雞蛋而以全蛋蛋汁計量：將雞蛋打散後秤出所需的用量，例如：雞蛋蛋汁 30g。更換規格不同的烤模需重新計算材料重量，以全蛋 50 公克、蛋黃 20 公克、蛋白 30 公克，作為計量標準。

乳製品

經常使用的鮮奶、奶油乳酪、動物鮮奶油，以及偶爾需要的優格、酸奶油、馬斯卡彭乳酪等，均為全脂乳製品。在材料欄中，部份乳製品並會另外註明乳脂肪含量，或附有英文名稱以利搜尋，例如：動物鮮奶油 35%、馬斯卡彭乳酪 Mascapone 等。

膨脹劑

酵母

酵母屬於真菌家族的單細胞微生物，家備常用的，多為「新鮮酵母」與「乾燥酵母」兩種。

替換比例：
新鮮酵母 ×3：乾燥酵母 ×1

新鮮酵母或是乾燥酵母雖外型與質地不同，皆能發揮出色膨脹的效果，在風味差異上，對我來說，並不明顯，亦無優劣之分。使用哪種酵母，端看個人使用習慣，無需拘泥，重要的是發酵要成功。唯有當食譜中的奶油與糖比例都超過 10% 時，個人偏愛使用生命力強勁的新鮮酵母。

新鮮酵母：
呈塊狀，其中含有大約 70% 的水分，在冰箱中的冷藏保質期約三週。
新鮮酵母有活力旺盛、驅動力強的優點，最大的缺點為保質期短、容易腐壞。新鮮酵母的質地必須「新鮮」，其中的酵母菌株才能生長與繁殖並有效作用。只能冷藏保存的新鮮酵母，使用前無需回溫，將捏碎的新鮮酵母塊與 35℃ 左右的液態材料先混合攪拌後以激活酵母再使用。

乾燥酵母／即發乾酵母粉：
呈粉狀，其中只含約 5% 的水分，與新鮮酵母擁有同樣的酵母菌株。
因乾燥的緣故，可在室溫中保存長達 12 個月。比起新鮮酵母，乾燥酵母在使用上也便利許多，可直接與麵粉混合，再添加液態材料來激活處於「靜止狀態」的酵母真菌就可以。糖總量佔麵粉總量 8% 以上，應使用高糖酵母。

泡打粉與烘焙蘇打粉

泡打粉與烘焙蘇打粉適用於高油糖比例的食譜，兩種膨脹劑各有其特性與作用，不能互換。使用前需小心並謹慎地測量，以免影響成品的外型與風味。正確的使用方法是先將膨脹劑與乾粉混合並過篩，讓膨脹劑得以均勻作用。

泡打粉 Baking powder：
建議選用無鋁的雙效泡打粉 Aluminum-Free Double Acting Baking Powder。這類的泡打粉中沒有摻入會影響健康的鋁元素，也不會在成品中留下鋁元素的金屬味；所謂的雙效是指它能夠在加入液態食材時，以及，高溫加熱的兩段過程中產生膨脹效應。

烘焙蘇打粉
Baking soda or Sodium bicarbonate：
也被稱為小蘇打，或是蘇打粉。烘焙蘇打粉屬於鹼性，只適用於有酸性食材的食譜中，經常與泡打粉合併使用。使用過多烘焙蘇打粉會讓成品平扁並在成品中留下皂味，使用前一定要小心測量。

酥菠蘿糕點的風味世界

真滋真味，是追求也是關鍵
—— 糕點的風味搭配與層次組合

樹上的果，林中的蜜，園中的花，窖藏的酒，牧場中鮮奶製成的奶油與乳酪，上村水磨坊的細磨麵粉，鄰家栽植的堅果，遠親來訪時順手帶的自製乾果，季節裡採集的莓果，友人釀的果醬，農市販售的香草與辛香料……

味道來自大自然，來自家園與鄰家，當人們只能在極小的範圍移動時，從個人熟悉的環境裡一樣可以尋得許多適用的食材。奧地利的民家就是這樣在阿爾卑斯山間過著他們的千百年。

不需把風味搭配想得太複雜。

同時在秋收時熟成的蘋果與核桃，加上採集的花蜜，就能完成有著蜂蜜、蘋果、核桃三種美味元素的糕點。來自同一塊土地，在同一個季節熟成，味道上絕對是搭配的。依照季節，依照收成來製作糕點，就是奧地利老奶奶們變換糕點風味的法則。只要是材料新鮮，滋味均衡，很難不好吃。

嘗試新食譜時，味道不如預期，甚至讓人失望，極有可能不是食譜不夠好。若所用的材料，特別是鮮果，不屬當季，該鮮的不鮮，應甜的不甜，會香的不香，如此一來，如何能讓糕點鮮美甜香？美麗的照片即使能欺瞞眼睛，最終的嚴苛審判還是歸屬舌尖。

當我們使用新鮮的鮮果烘焙時，果子所擁有的自然果甜與果香已然是最佳的風味元素，比起各式各樣的香料都強。這時，不需想著如何讓點心更甜香或如何在原風味中增加更多層次，真正需要的只是將鮮果的真滋真味一併封存在我們所製作的糕點中便已足夠。根本不必擔心味道過於單調，季節裡盛產的甜鮮果實本身，縱使僅憑單一風味也足以讓人念念不忘。

有些事情本不應勉強。中國民間有句俗諺：「春吃芽，夏吃瓜，秋吃果，冬吃根。」說的就是在適當的季節享受盛產的食物，才最能得到食物中的真味，也才是懂時懂食，懂滋懂味的人。

糕點中的風味食材搭配應如戲劇舞台有主角與配角之分。主食材的風味在糕點中永遠應該是最重要也最顯著的，其他副食材只為提昇與襯托主食材而存在，並非對峙；滋味之中，有主有輔，有深有淺，如此更能體會層次與和諧之美。

家常奶油蛋糕中僅有麵粉、奶油、雞蛋、糖，這幾味我們所熟悉的單純風味元素，其滋其味若能在蛋糕中均衡鋪陳，已能讓心口同受感動。

風味的搭配在「擇」，也在「棄」；擇取主要的，留取輔味的，捨去多餘的，棄置累贅的。不多不少，恰如其分，是以成就真滋真味。

酥菠蘿與果蔬糕點的組合

鮮美的果蔬上鋪著滿滿的酥菠蘿，讓果蔬裡的甜潤與酥菠蘿的酥美，同時在口中化開，在享受同時，體會一種極難用文字描述的幸福與寧靜。以當季新鮮蔬果完成的酥菠蘿蛋糕，尤得鍾愛。

酥菠蘿中的麵粉幫助吸收果實的水分，糖能中和果蔬的酸澀，奶油增添香氣與酥口感，覆蓋鮮果的酥菠蘿粒並能保護切片或塊狀的水果，不因烘焙高溫而變得乾燥並失去原有香氣。對應不同果蔬，不論貪酸，不論喜甜，風味各異的酥菠蘿皆能成為果蔬糕點中最強綠葉。

偏酸的果蔬

酥菠蘿特別適合與味道偏酸的果蔬，如青蘋果、油桃、酸李子、西洋梨、大黃等，搭配製作酥菠蘿蛋糕。酥菠蘿中的糖能中和果蔬的酸味，在準備酥菠蘿前，品嚐果蔬的原味後再決定是否調整糖的用量。烘焙完成後如覺得酸味還是太顯，可藉著撒糖粉，搭配冰淇淋、加糖粉打發的鮮奶油霜、冰過的卡士達醬……等，以甜來中和酸味，其中以搭配溫甜中帶柔質口感的鮮奶油霜或同款風味的冰淇淋，最值得推薦。

熟度與甜度俱佳的鮮果

「先品嚐果蔬的原味後再決定。」是我的建議。新鮮且熟度高的水果，香氣更濃郁，甜度也更完美。應用於糕點製作時，的確可以適量調整糖的用量。調減糖量時應以不影響蛋糕質地為原則，可減糖的部份包括：含鮮果的餡料，以鮮果製作的慕斯，以及作為酥頂的酥菠蘿。除此之外，在鮮果中加入少許檸檬或香橙皮屑，有助於彰顯鮮果的天然甜美層次。

水分較多的果蔬

水分含量較高的果蔬可搭配「糖油比例較低，質地較乾燥的酥菠蘿」。以 2：1：1 經典酥菠蘿配方為例，麵粉之外，再額外加人 10 ～ 15% 麵粉重的堅果粉或是磨碎的即食燕麥片，製成酥菠蘿，以助減緩果蔬滲水現象並延長酥菠蘿的酥脆感。

緩解新鮮果蔬餡出水的方法

我們都知道，新鮮果蔬去皮去核、切片塊時開始出水是正常現象。使用水分含量高的水果製作糕點，在保鮮與保質上尤其是個挑戰。為避免果餡果汁影響糕點風味，除了瀝乾切片果蔬的水分外，可將以下的材料拌入切好的鮮果餡料中，來緩解過多果汁所造成的濕軟現象：

- 布丁粉、玉米粉或是麵粉。
- 各種堅果磨成的細粉，或是磨碎的燕麥片。
- 將隔日麵包烘烤後切小丁。
- 捏碎的餅乾碎。
- 烘焙好的熟酥菠蘿粒。
- 市售麵包粉，或稱麵包糠。

以新鮮果蔬製作的酥菠蘿糕點，特別是水分含量較高的水果，不適久藏與保存，以新鮮做新鮮享用為佳。

酥菠蘿的風味十寶

麵粉、糖、奶油，三種基礎材料就足以架構酥菠蘿的美味基體。如希望為酥菠蘿另增層次風味，可多利用家中許多的常備食材，例如：

- 不同的鹽：海鹽、山鹽、岩鹽……。
- 香草莢 Vanilla。
- 糖，不同的原糖。蜂蜜、楓糖漿。
- 新鮮柑橘，如檸檬、橙子、橘子等的新鮮果皮皮屑。
- 磨成粉末的辛香料，如肉桂粉、豆蔻粉、小豆蔻粉、丁香粉等。其中的小豆蔻，與檸檬或是柑橘的搭配，都特別讓人傾心。
- 各種堅果磨成的細粉、燕麥片磨碎成的粉末、可可粉、抹茶粉、義式濃縮咖啡粉……可用於替換部分的麵粉。
- 將小麥麵粉混合搭配黑麥麵粉 Rye flour、斯佩爾特小麥麵粉 Spelt flour、全麥麵粉 Whole wheat flour……享受不同穀麥香。
- 新鮮或乾燥的草葉香料，或可食用的有機花卉，都可與其他材料一起加入酥菠蘿中。
- 窖藏的純釀，如法國干邑白蘭地、香檳、蘭姆酒、琴酒、伏特加酒、利口酒、香料酒、果子酒……都能成為酥菠蘿風味之源。
- 烘焙與料理用的橙花水 Orange Blossom Floral Water、玫瑰水 Rosewater、櫻花香精 Cherry Blossom Flavor Extract 等，給予酥菠蘿另一種純淨與雅緻風味風格。

價昂而珍貴的法國干邑白蘭地的確有其獨特之處，實惠的日常食材卻也擁有不可渺視的魅力並常能帶來驚喜；糖蜜濃郁的德麥拉拉糖 Demerara，能為酥菠蘿額外增添我們都好愛的焦糖風味；不同海域所產的鹽花，讓平鋪直敘的甜味多分甘也多分韻；僅半小匙的錫蘭肉桂粉，便讓酥菠蘿走入一片溫暖和煦；少許新鮮香橙皮屑，於是進入橙花盛開的春日……

主食材以及作為搭配的副食材，風味上的和諧感應在製作前就列入考慮。特別是以鮮果製作的酥菠蘿糕點，當季鮮果本已擁有迷人的甜香氣味與風味，加入過量的風味食材反而會減少鮮果特有的滋味。

風味食材的種類與用量在精不在多，並應避免重複。以香草、檸檬皮屑、肉桂粉、蘭姆酒為例，選擇其一，最多不超過兩種，以襯托主風味且不干擾整體均衡感為佳。

本書中的酥菠蘿風味提案

1. 經典奶油風味酥菠蘿

僅使用基本的「粉、糖、油」，感受純粹真切的酥菠蘿風味。

經典奶油酥菠蘿 p.070

2. 不同風味粉、糖、油的酥菠蘿

維持「粉、糖、油」架構，但選用香草糖、紅糖或焦化奶油等風味獨特的食材，在經典中帶入層次與滋味。

榛果奶油酥菠蘿 p.220
紅糖酥菠蘿 p.088
香草酥菠蘿 p.134、p.142、p.262
杏仁膏酥菠蘿 p.228

3. 香料與鮮果酥菠蘿

以肉桂粉、肉荳蔻粉等香料粉，或是柳橙、檸檬皮屑等鮮果，賦予酥菠蘿迷人香氣。

香料核桃酥菠蘿 p.092
肉桂酥菠蘿 p.098、p.104、p.124
榛果肉桂酥菠蘿 p.200
核桃肉桂酥菠蘿 p.270
橙皮酥菠蘿 p.280

4. 堅果與種籽酥菠蘿

在酥菠蘿中，帶入或切碎或粉末狀態的杏仁、開心果、胡桃、核桃、榛果、黑芝麻，為酥菠蘿增添另一段風味層與妝點。

榛果酥菠蘿 p.206
榛果椰子酥菠蘿 p.082
榛果肉桂酥菠蘿 p.200
胡桃酥菠蘿 p.112、p.186
香料核桃酥菠蘿 p.092
蜂蜜核桃酥菠蘿 p.164
核桃肉桂酥菠蘿 p.270
杏仁酥菠蘿 p.180
開心果抹茶酥菠蘿 p.134、p.192
芝麻酥菠蘿 p.118

5. 更多風味食材的酥菠蘿

可可粉、抹茶粉、椰子絲等，風味食材不僅能夠架構口感與層次，同時也帶來色彩與外觀上的驚喜感。

燕麥花生酥菠蘿 p.076
巧克力酥菠蘿 p.142
開心果抹茶酥菠蘿 p.134、p.192
椰子酥菠蘿 p.170
榛果椰子酥菠蘿 p.082

從粉糖油比例瞭解酥菠蘿

酥菠蘿縱有千姿萬貌，製作美味酥菠蘿僅僅需要麵粉、糖、油脂（我只使用奶油）三種食材。
三件材料的關聯與美味關鍵是什麼？
糖與油的多寡為酥菠蘿會帶來影響嗎？
會是什麼樣的影響？是風味上的？質地上的？還是外觀上的？

以酥菠蘿的經典粉糖油比例 2：1：1（意為：2 份麵粉 - 1 份糖 - 1 份奶油）
為基準，另外測試三種不同糖油比例，並比較成品風味、質地與外觀。
為利於閱讀與計算，避免小數點出現，故以雙倍的 4：2：2 標示。

風 味： 脆酥兼具，風味均衡

質 地： 質地偏乾

外 觀： 酥菠蘿呈團塊顆粒狀，小顆粒有砂礫外觀，雖鬆散卻保持立體外型

風 味： 脆度最優，甜味上與經典比例相較，並不會過甜

質 地： 質地偏乾

外 觀： 酥菠蘿顆粒大小不均，有立體外觀，較其他比例散碎，小顆粒的酥菠蘿帶粗砂外觀

材料，製作，烘焙

食材與狀態：中筋麵粉、細砂糖、
無鹽發酵奶油（切塊，冷藏溫度）

製作方式：手動操作

冷藏靜置：60 分鐘

烘焙溫度：180℃，上下溫

玻璃烤皿：直徑 10 公分，4 個

蘊藏美味，瀟灑自成的酥菠蘿糕點裡有著許多永遠：永遠是咖啡店裡的摯愛，永遠是週末午茶的最期待，永遠是季節裡的祝福，永遠是回憶裡的甜蜜段。

4:3:3
多糖多油酥菠蘿
（20g，15g，15g）

風 味：酥而潤口，
有美式軟餅乾的影子

質 地：質地軟潤

外 觀：膨脹並擴散，烘焙後攤平並連成一片，無酥菠蘿顆粒外型

4:2:3
多油酥菠蘿
（20g，10g，15g）

風 味：奶而酥，奶油風味突出

質 地：質地軟潤

外 觀：擴展度比多糖多油酥菠蘿比例小，烘焙後攤平成大塊，無酥菠蘿顆粒外型

[測 試 筆 記]

測試四種不同比例的酥菠蘿，
麵粉重量固定，變化的只有糖與奶油比例。

▼ 烘焙前比較

從完成製作的照片中可以清楚看出 4：3：2 多糖比例的質地最為鬆散，而 4：3：3 多糖多油比例與 4：2：3 多油比例因為奶油比例較高，黏合性較好，不僅容易操作，速度快，烘焙前的外型均達要求。

完成時 外觀（烘焙前）

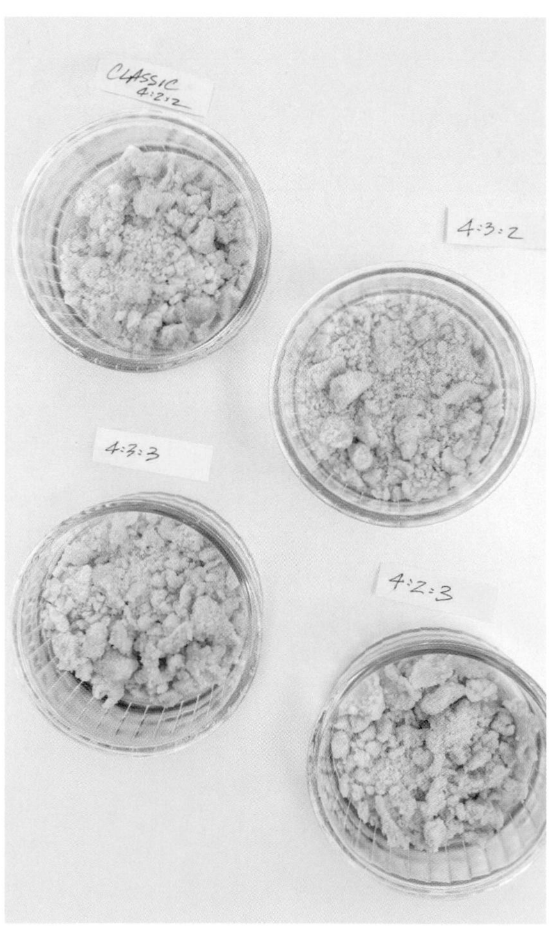

冷藏後 外觀（烘焙前）

▼ 烘焙後比較

4：3：2 多糖比例，因油脂量較少，「黏合力」較差，烘焙後的質地依然是最為鬆散的。依測試結果可知，油脂比例影響外型。

4：3：3 多糖多油比例與 4：2：3 多油比例，雖使用冷藏奶油製作並經 60 分鐘冷藏，在烘焙中，還是因奶油的緣故，擴展而攤平成一片，失去外型特色。

白砂糖的比例會影響烘焙上色程度、甜度與脆度。白砂糖經烘焙並沒有完全融化，高比例的白砂糖量讓酥菠蘿擁有更好的脆口感。

烘焙後外觀

▼ 減糖也減油酥菠蘿

當降低糖和油脂的比例時，相對地，麵粉的比例會升高。

依比例減糖也減油的酥菠蘿並不包括在測試中。倘若調減糖與油而成 4：1：1 的粉糖油比例，以麵粉 200g：糖 50g ：奶油 50g 舉例。

酥菠蘿中麵粉量高達糖與油 4 倍，操作時不易結團，烘焙時較不容易上色，擴展度極微，外型呈碎粉狀，質地偏硬而乾燥，化口性較差（硬質口感與脆質口感並不相同）。

▼ 不同比例酥菠蘿的應用

當酥菠蘿用於蛋糕與酥餅底層，或搭配堅果類等低水分含量的內餡時，酥菠蘿的外觀考量並非關鍵，能給予豐潤口感的高比例糖油食譜會是極好的選擇。

當酥菠蘿作為酥頂之用時，酥頂之下如果是切片的鮮果，例如黑李子蛋糕與林茲蘋果塔，則建議搭配油脂比例略低，質地較為乾燥的酥菠蘿配方，烘焙後能夠保持較佳外觀，成品的外型與滋味都更佳。

用於鹹味塔派的酥菠蘿，只用麵粉與奶油兩種食材製作。可完全捨棄糖。

酥菠蘿的
手工與機械操作方式

製作美味的酥菠蘿，再簡單不過。在工作檯上先篩上麵粉，撒上糖，堆上切塊奶油，以雙手將所有材料搓揉成散碎的奶油麵粉團粒，正是傳統的酥菠蘿製作方法。

即使在不缺電器設備與工具的今天，許多的奧地利媽媽們依舊習慣用手搓揉完成酥菠蘿，讓製作中所投入的分分溫柔心意包裹在不規則的酥菠蘿顆粒中，也讓酥菠蘿糕點同時有著獨具的個性。

對小家庭來說，全程手動或是搭配刀叉與刮板等簡單輔助工具的操作方式，不僅適合小份量，也最為容易且簡便。

製作大份量的酥菠蘿時，手動之外，電動攪拌機與食物調理機都是好幫手。

依製作方式解說手動操作，使用電動攪拌機或食物調理機操作，以及手動與機械合併操作的方法，加上我從操作中而累積的心得筆記，希望能讓每位酥菠蘿迷在酥菠蘿世界裡更得心應手且游刃有餘。

方式 1-1 全手動方式 ＊示範食譜：水蜜桃乳酪夾心酥菠蘿切片

1 先將麵粉與糖用打蛋器混合均勻後加入奶油，用手搓成粗砂狀。

2 完成時呈現不規則粗砂礫狀，加蓋冷藏 30 分鐘，備用。

3 經冷藏後，可再次用手調整酥菠蘿顆粒大小。

方式 1-2 手動方式，搭配叉子與刮刀 ＊示範食譜：榛果奶油酥菠蘿烤盤麵包

1 容器中篩入所有粉類食材混勻，再倒入放涼的榛果奶油或融化奶油，手動拌合。

2 靜置幾分鐘，待乾粉吸收奶油後再輕輕翻拌。

3 經冷藏後，可再次用手調整酥菠蘿顆粒大小。

[手動方式・重點筆記]

全手動的手搓酥菠蘿是最傳統，最便捷，最易入手，也是我個人最喜歡的操作方式。從手動操作中能感受酥菠蘿的質地與變化，能適時調整手力與時間，相較之下，比機械操作更能避免操作過度。較適合於小份量酥菠蘿的製作。

製作前的材料狀態：麵粉類應先過篩。奶油應先切塊或切片。小塊狀的奶油能與麵粉等乾性食材快速混合，有效縮短操作時間。

為避免手溫影響酥菠蘿質地，操作時應盡可能用指尖。手溫高的人可以戴烘焙用薄手套，或是搭配刀叉與刮板等輔助工具。

酥菠蘿的製作，並無法完全排除手工。以電動攪拌機或食物調理機，完成粉糖油混拌操作，後段的漂亮酥菠蘿顆粒還是需要借助我們的萬能雙手搓揉而成。

奶油溫度與酥菠蘿

- **室溫奶油**：軟質地的室溫奶油增加操作的便利性並縮短時間，完成製作後需冷藏至少 30 分鐘，不建議立即使用，冷藏後可重新用手整形。
- **冷藏奶油**：質地較硬的冷藏奶油雖需較長的操作時間與較多的耐心，完成後能直接使用。傳統酥菠蘿作法所使用的奶油，均為冷藏溫度。
- **融化奶油**：流質的融化奶油也能用於酥菠蘿製作，與麵粉等乾性食材混合時需等麵粉吸收奶油後再拌合，完成製作後需冷藏至少 30 分鐘，等奶油完全固化再使用。

方式 2 電動攪拌機，搭配麵團鉤配件 ＊示範食譜：香料核桃酥菠蘿 黑李子蛋糕

1 將粉類食材過篩後與糖（此處使用紅糖）混合，最後加入奶油塊。

2 使用電動攪拌機搭配麵團鉤配件，以最低速攪拌混合。

3 攪拌直到成散落且不規則、質地不均、有粉團與奶油塊的酥菠蘿碎團塊狀就可。

4 此時可加入核桃碎，手動拌合均勻。

5 最後用手搓揉成酥菠蘿，加蓋後冷藏30～60分鐘，即可用於製作糕點。

[電動攪拌機・重點筆記]

使用電動攪拌機或食物調理機等家電製作酥菠蘿：寧可慢，不要快；寧可冷，不要熱；寧可不足，避免過度。慢一點，可延長時間；冷一點，操作中會升溫；操作不足，可用雙手輔助與調整。

- **使用正確的配件：麵團鉤。因酥菠蘿無需打發。**
- **使用正確的速度：最低速。減低操作中升溫與攪拌過度的可能性。**

以電動攪拌機「最低速」是為了將酥菠蘿的粉糖油混合，不為打發。酥菠蘿的製作上最應避免的就是過度攪拌。過度與高速的攪拌與打發，都會讓奶油包入空氣，進而讓酥菠蘿成為均質的麵團，這與所期待的酥菠蘿質地正好相反。正確混拌而成的酥菠蘿質地應該是不均勻、不光滑、呈散落的粗砂礫狀，顆粒中見得到小奶油塊。

電動攪拌機適於製作大份量的酥菠蘿。

三個階段步驟需以手動方式完成，無法用機器操作

1. 材料中有硬質或大顆粒食材時，例如碎堅果或帶殼南瓜籽等，加入後需用手將之與其他食材搓揉成酥菠蘿。
2. 完成製作時，需用手搓揉與捏合酥菠蘿的粉團塊，並測試酥菠蘿是否達到理想的集結度。
3. 靜置冷藏後，需用手調整酥菠蘿的顆粒大小。

方式 3-1 食物調理機，搭配刀片配件，全入法

＊示範食譜：開心果酥菠蘿 抹茶馬斯卡彭蛋糕（香草酥菠蘿）

1 食物調理機中依序放入：麵粉、鹽、糖、香草糖、奶油。

2 使用中低速，間隔 5 秒，重複「啟動—停機—再啟動—再停機」成酥菠蘿粒狀。加蓋後冷藏 30 分鐘，備用。

[食物調理機・重點筆記]

以食物調理機製作酥菠蘿，依材料質地可分為兩種作法。

全入法： 用於材料中並無硬質與大顆粒食材時，可以全部放入食物調理機中，不需分段操作。如示範的「香草酥菠蘿」。

分段法： 用於材料中有硬質與大顆粒食材時，先混合除了奶油之外的其他材料後再加入奶油混拌，分段操作有利於食材風味均衡，質地均勻。如示範的「開心果抹茶酥菠蘿」。

食物調理機的基本操作方式

重複以「啟動—停機—再啟動—再停機」方式操作，直到成散落的顆粒外型。因粉糖油比例的差異，完成混拌時顆粒外型或細或粗，略為不同。若希望保持酥菠蘿的酥與脆，最好在奶油脂肪包住麵粉麩質階段，還看得見小奶油顆粒時停機，再搭配手動操作讓酥菠蘿成型。

方式 3-2 食物調理機，搭配刀片配件，分段法＋手工操作

＊示範食譜：開心果酥菠蘿 抹茶馬斯卡彭蛋糕（開心果抹茶酥菠蘿）

1 食物調理機中陸續加入粉類食材。使用低速將食材混合攪拌均勻。

2 接著加入奶油塊。

3 使用中低速，間隔 5 秒，重複以「啟動—停機—再啟動—再停機」方式操作，成粗砂狀就停機。

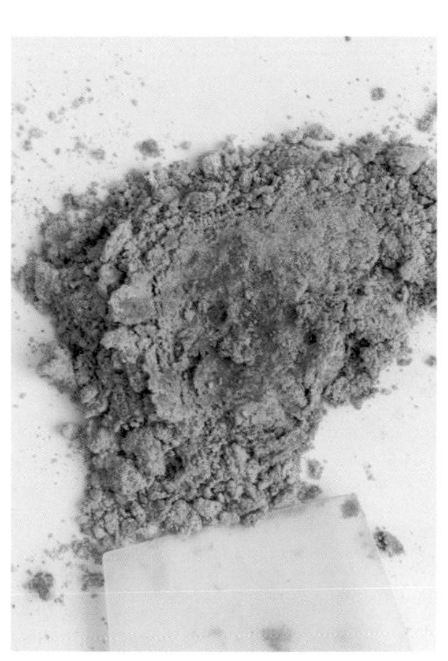

4 將酥菠蘿倒在工作檯上，利用刮板連續手工翻壓。

5 持續翻壓直到酥菠蘿成散碎顆粒狀。

6 加蓋後冷藏 30 分鐘，備用。

[食物調理機・重點筆記]

以食物調理機製作酥菠蘿時，所使用的奶油塊一定是冷藏溫度。環境溫度高時，可先將切好的奶油塊冷凍 15 ～ 30 分鐘，在後段操作中加入。

使用冷藏奶油製作酥菠蘿，一定要再次冷藏嗎？

並不一定要再次冷藏。是否應該冷藏靜置，取決於奶油狀態，當奶油在操作過程中從硬質變為軟質，從固態融化成液態等，此時為了能在烘焙後保持酥菠蘿外型，將酥菠蘿冷藏靜置是最好的辦法。若完成的酥菠蘿並沒有因室溫與操作讓奶油過軟，就可以跳過冷藏步驟，直接進入組合與烘焙。

食物調理機需搭配手工操作的情況

當酥菠蘿中奶油未達乾性食材總量的 50%，並含有質地較堅硬或顆粒較大的食材時，如堅果等，酥菠蘿質地較乾，也較難成團，因此，使用食物調理機完成混合後，需以手工翻壓來提高酥菠蘿的密合度。以「開心果抹茶酥菠蘿」為例，奶油比例較低，開心果粉重量超過麵粉，需經手工翻壓幫助成形。剛開始翻壓時是粉狀，持續翻壓動作就能完成理想的酥菠蘿粒。

酥菠蘿的冷藏與冷凍

依書中食譜份量，建議冷藏時間多為 30 ～ 60 分鐘，這是足以讓酥菠蘿中的奶油固化的冷藏時間。實際操作中應依酥菠蘿狀態與份量調整，隔夜冷藏也是可以的。若想提前製作酥菠蘿，未烘烤過的酥菠蘿，冷藏不應超過 72 小時，如以冷凍保存，保鮮時間可達三個月。

常備酥菠蘿——冷藏、冷凍、烘焙全熟

提升美味度的冷藏酥菠蘿

絕大多數的酥菠蘿都可提前製作，冷藏備用。冷藏酥菠蘿的優點之一是食材經過靜置過程，風味深度得以延展。

冷藏酥菠蘿也有助於保持漂亮外型。質地與外觀不理想的酥菠蘿，主要源於錯誤的操作方式與酥菠蘿中奶油溫度過高，冷藏酥菠蘿麵團是個簡易而有效的降溫方法。經過低溫冷藏讓奶油重新恢復固態的質地，固態的奶油在入爐烘焙時融化得較慢，只會有限度的拓展攤平，能夠保持較為立體的酥菠蘿外型。

▼ 冷藏應注意的事 —— 變味、變乾、變質

冷藏酥菠蘿麵團應加蓋密封。生麵團容易吸收冰箱內的氣味，也會因冷藏而逐漸失水變乾，無論變味或變乾都屬變質。為保持酥菠蘿品質與風味，記得在冷藏前為酥菠蘿麵團包上保鮮膜。

酥菠蘿的冷藏時間以不超過 72 小時為佳。

理論上，酥菠蘿麵團可冷藏保鮮一週，不過這只適用於優質的保存方式與保存環境。在我們的家庭冰箱中，依我的觀察，酥菠蘿麵團經過三天冷藏後質地就開始轉變，其中最明顯的是麵團外層色澤變深；雖然尚未「過期」，但已非「最佳質地」。

判斷冷藏的酥菠蘿麵團是否變質，可依憑外觀與氣味：麵團邊緣的色澤較中央深，冷藏時間越長麵團顏色越趨暗沉，質地變得乾而硬，即使回溫也無法軟化；甚或，麵團聞起來偏酸或有令人不悦的氣味。對麵團質地有所疑慮時，以健康考量，請重新製作。

提前製作酥菠蘿時，留意正確冷藏保存方法，並在保質期內使用（最好能在外包裝上註記製作日期），就能完成外型與質地都理想的美味酥菠蘿。

▼ 冷藏時間的長短與影響

冷藏時間會影響酥菠蘿烘焙上色程度。冷藏時間越長，烘焙後色澤越深。導致變化的原因有二，一是因為麵粉中所含的酶分解並產生褐變反應 (Enzymatic browning)，另是受酥菠蘿中糖的影響。從冷藏 24H - 48H - 72H 的酥菠蘿上，可見到明顯的差異，若僅是延長數小時，大可不必過於在意。

▼ 如何判定冷藏時間是否足夠

用手抓取酥菠蘿粒後輕輕握拳，當酥菠蘿粒黏結成團塊，表示其中的奶油還是軟質的，應延長冷藏時間。達到理想的酥菠蘿粒，握拳放鬆後會呈散落狀，並有碎屑。

▼ 如何改善冷藏後變乾的酥菠蘿

高麵粉低油脂比例的酥菠蘿配方，也會有乾燥碎落並無法結團的狀態，不同的是，冷藏前後的狀態差異並不明顯，即使延長冷藏時間也不會改變。

質地乾燥的酥菠蘿，顆粒較小，甚至呈現粗粉狀。如希望改善酥菠蘿質地，可採以下兩種方法：

1 在手上抹少許奶油後再次搓揉酥菠蘿，直到酥菠蘿達到希望的潤澤度與顆粒外觀即可。

2 將適量的融化奶油分多次少量淋在酥菠蘿粒上。烘焙前淋奶油的方法較適合搭配質地偏乾的內餡。烘焙後，酥菠蘿較無顆粒立體感。

▼ 冷藏含膨脹劑的酥菠蘿

當酥菠蘿材料中含有泡打粉與烘焙蘇打粉等膨脹劑時，冷藏時間控制在 60 分鐘以內為佳，才不致於影響膨脹效力。加入膨脹劑的麵團或麵糊，完成後應立即入爐烘焙，避免拖延；靜置或冷藏時間越長，膨脹效果越弱。所謂的「膨脹力減弱」並非表示麵團與麵糊無法使用，只不過烘焙後的蓬鬆程度與高度不如預期。如已知延遲入爐無法避免時，可在製作時適度調增膨脹劑用量。

▼ 以分段操作結合風味食材

當酥菠蘿的材料中含可可粉、抹茶粉或是燕麥片等食材時，因可可粉與抹茶粉跟燕麥片都會吸收麵團中的水分，酥菠蘿會因此變得乾燥，烘焙後更為密實且乾硬，較不適合提前製作與長時間冷藏。增加風味的硬質食材，如堅果粒、巧克力碎，可採行分段操作方法，使用前才將堅果粒與巧克力碎與完成冷藏的原味酥菠蘿拌合。

▼ 如何使用冷藏的酥菠蘿粒

完成冷藏的酥菠蘿粒可直接使用，不需另外在室溫中回溫。如在冷藏過程中酥菠蘿凝結成較大顆粒，只需剝碎即可。希望讓酥菠蘿在烘烤較為拓展的話，可將冷藏的酥菠蘿在室溫中回溫約 15 分鐘後再使用。

耐久放的冷凍酥菠蘿

計劃以冷凍方式長時間儲存時，應先將酥菠蘿顆粒均勻平鋪在鋪好烘焙紙的烤盤上冷凍，待酥菠蘿顆粒結凍定型，再雙層密封包裝：以保鮮膜密封後再裝入夾鏈袋或保鮮盒中，並記得貼上寫有日期與內容物標籤以利取用。

酥菠蘿的冷凍保鮮期可達三個月。以顆粒狀冷凍的酥菠蘿可直接用於烘焙，無需回溫；以指定溫度，視酥菠蘿份量而訂，略微延長烘焙時間約 3 至 5 分鐘即可。若將酥菠蘿直接冷凍會結成整團的麵團塊，使用前需先在冰箱冷藏室緩回溫後，用手剝開或搓開成酥粒狀再使用。

製作大小相同的酥菠蘿粒：將帶有硬度，尚未完全回溫的酥菠蘿麵團，先分成小團塊後再壓入粗孔篩網，成大小相同的酥菠蘿粒，將酥菠蘿粒鋪開後冷藏，待定型就可使用於蛋糕、點心與麵包上。

隨時取用的熟酥菠蘿粒

先將酥菠蘿粒烘焙至全熟，待冷卻後裝罐備用，也是一種提前準備的方法。烤好的酥菠蘿粒可直接作為酥頂之用，加入鮮果內餡烘焙，用於蛋糕與派點裝飾，或用於沙拉、冰淇淋、早餐燕麥粥，搭配水果與優格……等等。

用於糕點作為酥頂，可先在熟酥菠蘿粒噴少許水霧，讓二次入爐烘焙的酥菠蘿粒保持應有質地；或於糕點出爐前 15 ～ 20 分鐘，再撒上熟酥菠蘿粒一起烘焙至完成。

酥菠蘿的應用

有著不規則線條與不均勻顆粒的酥菠蘿，永遠都像附著源源魔力，品嚐時，那讓人好著急不停掉落的酥酥碎，以及專屬酥菠蘿特有的味與感衝擊，總總讓人意猶未盡。

如何將美麗又好味的酥菠蘿應用於糕點上？

如何又在不同應用中展現滿滿的酥菠蘿風味魅力？

以書中食譜為解說範例，期望能給予喜歡酥菠蘿的人，更多新創靈感與熟悉的感動。

肉桂多多酥菠蘿 酸奶油午茶蛋糕 | p.098
絕對深美濃厚且比例豐滿之肉桂多多酥菠蘿

酥頂

作為酥頂的酥菠蘿當屬熟悉度最高，最受大家喜歡，也是應用率最頻繁的一種。它不僅僅能為糕點架構風味層次，賦予口感體驗，並能作為美化糕點的裝飾。

作為酥頂的酥菠蘿多數屬風味層，以延展糕點的主線風味而存在。酥頂似是獨立風味，實際上卻在整體風味上有均衡、調和、襯托、提味等引導效益，並同時具有裝飾與美化兩大優點，讓糕點在滋味與外觀的呈現上益趨完整。

入餡

酥菠蘿能均衡新鮮蔬果中的水分，讓搭配季節蔬菜鮮果完成的糕點，即使烘焙後依然保持質地與口感。

用於蔬果內餡時，酥菠蘿並不直接拌入，而是在鋪上切片蔬果層前，先撒酥菠蘿粒；或是採「一層酥菠蘿＋一層水果」的分層方式。分層排放讓水果間留有間距，其間的酥菠蘿吸收切片水果散發的水分，經高溫烘焙也不會黏結成團，並在烘焙後依然保持好質地，同時並可體驗多一層酥菠蘿的酥美。

香料核桃酥菠蘿 黑李子蛋糕 | p.092
分層擺放水果後撒酥菠蘿

燕麥花生酥菠蘿 花生果醬乳酪蛋糕｜ p.076
酥頂中的麵粉、燕麥片、紅糖成滋味

酥底＋酥頂

將酥菠蘿作為糕點酥底及酥頂，同時製作並同時完成，尤其速捷簡便。風味區隔上，可另藉不同食材或香料，分別加入酥底與酥頂酥菠蘿中，以突顯兩者不盡相同卻互不衝突的風味特色。

酥底與酥頂的酥菠蘿麵團份量計算上，酥底約為酥頂的兩倍，也就是說將酥菠蘿麵團總量的三分之二用於酥底，剩下三分之一用於酥頂。取約略的份量即可，無需秤重分割，操作時再利用留用的酥頂麵團增減。

▼ 相同風味、質地澎酥的酥底與酥頂

為讓酥菠蘿擁有更佳酥鬆的化口性，另加入適量膨脹劑，例如泡打粉，提高酥菠蘿質地的澎鬆度。

▼ 各具風味與口感的酥底與酥頂

為提增風味或調整質地，額外加添食材而成的風味酥菠蘿酥頂。

酥 烤

將酥烤至熟的酥菠蘿用於糕點製作與搭配裝飾，或作為進階風味層。

先經酥烤完成的酥菠蘿，有以下優點：

1 烤至酥體的酥菠蘿比較輕，質地較乾燥。

2 烤熟再放上頂層，不會壓壞內餡或是沉入內餡。

3 單獨酥烤的時間較短，容易烤透，也不會因高溫影響色澤。

4 酥烤過的酥菠蘿，比同時入爐烘焙的酥菠蘿，更能保持較長時間的乾酥香口感。

5 適用於蛋糕、點心、餅乾、早午餐、沙拉盤、冰點、熱點……等。

酥烤過的酥菠蘿可二次烘焙，完成後的酥菠蘿質地更趨乾燥，脆酥口感也更明顯，適合搭配水分含量高的蔬果餡，並能延長乾酥香脆的特質。

酥烤酥菠蘿 蘋果杏仁鑲蛋糕｜ p.104
藏於蘋果片與杏仁片間的酥烤酥菠蘿是絕對的口感驚喜

酥菠蘿診療室

嚴格來說「酥菠蘿」，無論製作與口感上都極為接近沙布列餅乾，具有酥體質地，其中所含的奶油讓酥菠蘿擁有酥而易碎、脆而鬆柔、化口性佳等特質。

若將經典餅乾的粉糖油比例 3-1-2，與經典酥菠蘿的粉糖油比例 2-1-1 相比較，酥菠蘿用糖量比餅乾高，油脂用量比餅乾低。也因為酥菠蘿幾乎不含水分，不使用膨脹劑，無需打發的緣故，質地組織比餅乾的密度高，同時保有酥與脆兩種口感。

製作酥菠蘿可全仰賴雙手，依循食譜比例與步驟操作，不易有太大的失誤。偶有不如理想成品，僅需略為調整手法及步驟便可益趨圓滿。以下整理酥菠蘿常見狀況，釐清肇因，並提供修正要點，讓未來再次嘗試的酥菠蘿糕點更近期望。

狀況 1 麵團出油或浮油．麵團過軟

操作過度，搓揉或加工時間太長，奶油中的油脂與水分分離	另外準備一份用刨成絲的冷藏奶油製作成的酥菠蘿麵團，快速混合失敗的酥菠蘿後，放入冰箱冷藏靜置直到奶油固化，完全冷卻。
攪拌：速度過快	手動方式操作較不容易發生這樣的狀況。使用電動攪拌機時，全程以低速操作，不時停機檢查，就能避免。
過度的攪拌	多半發生在以電動攪拌機操作時，高速與長時間攪拌都會導致酥菠蘿麵團升溫而出油。
使用錯誤的攪拌機配件	無論是手持或是立式的電動攪拌機都至少有兩種攪拌配件：一個是球型打蛋頭，一個是麵團鉤。製作酥菠蘿應使用麵團鉤配件。
打發	酥菠蘿無需打發。無論是手動還是機械操作，幾乎都採全入法All-in，也就是將所有材料混拌成砂礫狀就完成。在使用食物調理機時，先將麵粉與糖混合後再加入奶油塊，只是為了讓糖分佈得更均勻，嚴格來說仍屬全入法。透過奶油裹住麵粉，讓麵粉無法產生筋性，這是酥菠蘿能夠保持酥口特質的主要原因。 當油糖打發過度時，烘烤後的酥菠蘿比較扁平，酥菠蘿顆粒狀較不明顯。
環境溫度過高	環境溫度高時，建議使用冷藏溫度的奶油，並盡可能減短操作時間，另外再將酥菠蘿冷藏靜置至少 30 分鐘以保持質地。
手溫太高	手動操作時，雙手會直接接觸麵團，如個人手溫較高，奶油容易在操作中融化而影響酥菠蘿質地。建議多利用其他輔助工具，例如刮板、叉子、刀子等，以減少雙手接觸麵團的頻率。

狀況 2 酥菠蘿有韌性與彈性

使用錯誤的麵粉加上錯誤的操作

酥菠蘿的外觀是大小不均的碎顆粒狀，不均勻，不平滑，不會像酵母麵團一樣有彈性。
製作酵母麵團時，我們需要藉著搓揉讓麵團均勻、平滑、有光澤，並產生筋性，讓成品有一定程度的韌度與咀嚼感。
但好吃的酥菠蘿的標準與酵母麵團麵包正好相反，應該是酥鬆而無咀嚼感。

狀況 3 酥菠蘿不酥且乾硬

食譜比例有誤

好吃的酥菠蘿幾乎不含水分，只有奶油所含的微量水分，也因此酥菠蘿很難會發生麵粉中蛋白質藉水分連結而出筋的狀況。
如另外加入清水、牛奶、蛋白等食材，都會改變酥菠蘿的質地。可確定的是酥菠蘿內水分含量越高，質地越趨堅硬，讓酥菠蘿不酥，反而帶著不受歡迎的韌性與乾硬。

油脂不足

油脂比例決定酥菠蘿質地。酥菠蘿中的奶油（油脂）比例，是主導風味與口感的主要材料。奶油為酥菠蘿增加風味，給予潤澤，幫助酥菠蘿產生梅納反應，決定酥菠蘿的酥美度。在酥菠蘿中，奶油實為一味充滿魔術的材料。

> 當奶油太少，酥菠蘿的質地會比較乾。
> 油太多，酥菠蘿比較油膩。

狀況 4 烘焙後的酥菠蘿攤平成片，顆粒狀不明顯

油脂（奶油）比例過高、酥菠蘿溫度過高，過度打發

奶油或酥菠蘿整體的溫度過高時，都可以藉著冷藏或冷凍的方式解決。唯獨過度打發時，因酥菠蘿中包覆著空氣，烘烤過後將無法保持應有的形狀與期待的外觀。

冷藏時間不足

延長冷藏時間。

烤箱溫度過低

調整烤溫。

狀況 5 酥菠蘿鬆散粉碎，無法成團

油脂（奶油）比例過低

奶油比例過低時，麵粉無法黏結成團塊狀，完成的酥菠蘿呈鬆散乾燥的粉砂狀。較適合用於搭配水分含量較高的鮮果內餡。

狀況 6 烘焙後的酥菠蘿，表面有黑點

所用的糖顆粒過大過粗

糖的顆粒越大，融化的速度越慢。部分融化的糖成為液體擴散開，沒有完全融化的糖粒因重量下沉。製作酥菠蘿與其他糕點應用最細的砂糖。較粗的糖可利用食物調理機先打得細碎一點再使用。

狀況 7 以酥菠蘿作為底座，烘烤後底部出現大的孔洞

太接近烤箱的底層底層溫度過高

烘烤時，奶油中的水分會轉為蒸汽，如果底部溫度過高，快速形成的蒸汽會分離麵團，造成底部的大孔洞。只需在下次烘焙時調整烤模在烤箱中的位置，或是調降烤箱底部溫度（當烤箱可調整上下溫的情況時）。

LA CAMBUSE

CHAPTER

2

走過歲月的酥菠蘿

蛋糕

CAKE

no. 01

經典奶油酥菠蘿
青蘋果乳酪蛋糕 Apple Cheesecake with Classic Butter Streusel

「等你回家」的家之味。
「傳遞掛念」的手中情。
平鋪直述的素簡裡，或許能懂我落在酥菠蘿中的婉轉？

材料 Ingredients

酥菠蘿 a

中筋麵粉 … 35g

細砂糖 … 15g

無鹽奶油（室溫）… 15g

蛋糕 b

無鹽奶油（室溫）… 60g

細砂糖 … 50g

雞蛋（室溫）… 2 個

新鮮柳橙 … ½ 個柳橙的橙皮

中筋麵粉 … 110g

杏仁磨成的細粉 … 15g

泡打粉 … 1 小匙

全脂鮮奶（室溫）… 25g

內餡 c

青蘋果果肉 … 淨重 230g

新鮮柳橙 … ½ 個柳橙的橙皮與橙汁

全脂奶油乳酪（室溫）… 75g

細砂糖 … 20g

香草糖 … 5g

雞蛋（室溫）… 1 個

玉米粉 … 1 大匙

其他

杏仁片 … 適量

糖粉 … 適量

模具 Bakeware

直徑 18 公分圓形分離式烤模

前置作業 Preparations

烤箱預熱：上下溫 170℃。

烤模底層鋪烘焙紙，烤模的內圈抹上奶油並撒上麵粉。

製作步驟 Directions

酥菠蘿

1 將所有酥菠蘿的材料用手指尖搓合成粗砂狀，成團成塊就可，不均勻沒有關係 A。完成後蓋上保鮮膜，放入冰箱冷藏備用。

蛋糕

1 奶油中加入細砂糖，使用電動攪拌機搭配打蛋鉤，最低速開始打發約 1 分鐘後，調整為中低速打發，直到八成的糖粒融化。加入一個雞蛋，持續以中低速打發 1 分鐘後，再加入第二個雞蛋，直到奶油糖蛋糊質地均勻，色澤轉淡。B

TIP：加入第二個雞蛋時如有油水分離的現象，在攪拌盆下另墊一個溫水盆 C，確認乳化狀態後，應撤除溫水盆。

2 加入橙皮的皮屑。

TIP：無論是否使用有機柳橙，使用前都應該用熱水沖洗並擦乾。建議使用專用刨皮器，只刨橙皮表層，避免皮層下方帶苦味的白色部分。

3 所有乾性材料先混合後再過篩入容器 D，並加入鮮奶 E，使用矽膠棒手動輕翻輕壓拌合，直到不見粉粒即可。麵糊的質地濃稠不流動。F

內餡

1 蘋果去皮去核，切成短而薄的薄片。將蘋果片與半個柳橙的橙皮與橙汁拌合，備用。G

2 將奶油乳酪、細砂糖、香草糖拌合後加入雞蛋攪拌至均勻。拌入玉米粉成奶油乳酪蛋糊，呈較稀的流質狀。H

TIP：無需打發，只需混合均勻。

3 最後將備用的蘋果片與橙汁一併加入，用叉子略微拌合。I

A
B
C
D
E
F
G
H
I

組合

1 蛋糕麵糊入模後用湯匙先抹平，再將麵糊用湯匙往烤模圈推開成一個中間略低、四周較高的凹槽。J

2 將所有蘋果乳酪內餡倒入，並用叉子盡可能鋪平蘋果片。K

3 均勻撒上所有酥菠蘿。L

4 最後撒上杏仁片。完成後入爐烘焙。M

烘焙 Baking

| **烤箱位置** | 烤箱下層，網架正中央

| **烘焙溫度** | 170℃／上下溫

| **烘焙時間** | 50 ～ 55 分鐘
*烘焙 30 分鐘後，加蓋鋁箔紙。
*用探針測試，確認無麵糊沾黏。

| **熄火靜置** | 烘焙完成後，將蛋糕留在熄火並打開烤箱門的烤箱中 15 分鐘後再出爐。

| **出爐靜置** | 出爐的蛋糕先留在網架上約 30 分鐘，靜置中的蛋糕會略微內縮，用小刀小心沿著烤模圈劃一圈後，手摸不燙時再脫模。

| **裝 飾** |（可省略）蛋糕冷卻後，食用前撒上糖粉作為裝飾。
*還沒有完全散熱的蛋糕會讓糖粉融化。

寶盒筆記 Notes

- **保鮮 & 享用方式：**直徑 18 公分的蛋糕可切為 6 片或是 8 片。以份量來說，四口之家的小家庭，應可以在兩天內食用完畢。蛋糕中雖有乳酪，如果氣候不是太熱太潮濕，可以常溫存放。
- 用青蘋果，也能用紅蘋果；能用蘋果，也可用梨。偏酸的蘋果，滋味好；熟軟的蘋果，滑潤度高。蘋果的品種與鮮度不同，滋味因此不同，可依個人偏好與口感取向自行調整。
- 青蘋果乳酪蛋糕中的蘋果沒有先經過熬煮，蘋果切片切塊都可以。若是切片較厚、塊粒較大，即使經過高溫烘焙 50 分鐘，也不容易軟透，蛋糕中的蘋果口感會比較脆；另外也較不容易與乳酪密合，食用時比較容易散落。
- **延伸食譜建議：**偏愛甜塔的人，可用杏仁甜塔皮取代蛋糕，就能完成酥菠蘿蘋果乳酪塔。

no. 02

燕麥花生酥菠蘿

花生果醬乳酪蛋糕

Peanut Butter & Jelly Cheesecake with Oatmeal and Peanut Butter Streusel

甜與酸裡有集合花生醬與果醬的歡樂之味，
潤與酥中有帶著花生香氣的乳酪層與無可挑剔的燕麥餅乾層，
節節釋放掩藏的渴望。

材 料 Ingredients

餅乾底 a

- 無鹽奶油（室溫）… 95g
- 海鹽 … ¼ 小匙
- 淺色紅糖 … 60g
- 花生醬（無顆粒）… 75g
- 香草精 … ¾ 小匙
- 雞蛋蛋汁（室溫）… 40g
- 即食燕麥片 … 65g
- 中筋麵粉 … 145g

酥菠蘿

- 預留的餅乾底 … 180g
- 中筋麵粉 … 20g
- 即食燕麥片 … 25g
- 淺色紅糖 … 35g

內餡

- 全脂奶油乳酪（室溫）… 180g
- 花生醬（無顆粒）… 100g
- 淺色紅糖 … 35g
- 海鹽 … 1 小撮
- 香草精 … 1 小匙
- 雞蛋（室溫）… 1 個
- 中筋麵粉 … 1½ 小匙

其他

- 草莓果醬 … 200g
- 草莓果醬（裝飾用）… 適量
- 糖粉 … 適量

模 具 Bakeware

20×20×5 公分正方形烤模

前置作業 Preparations

烤箱預熱：上下溫 170℃。
烘焙紙對折後鋪入烤模中，兩側預留寬邊以利脫模。
沒有鋪烘焙紙的兩側內緣抹上薄薄的奶油。b

a

b

製作步驟 Directions

餅乾底 ▼烤箱預熱，上下溫 170℃。

1 將奶油、海鹽、紅糖、花生醬、香草精、蛋汁陸續加入容器中，以電動攪拌機低速打至滑順。A

2 手動拌入燕麥片與過篩後的麵粉，拌至均勻即可。B

3 完成餅乾底總重約 480g。分割保留 180g 製作酥頂酥菠蘿，剩下的 300g 作為餅乾底。

4 將餅乾底倒入鋪好烘焙紙的烤模中，用湯匙從中央往四角抹開，抹平表面後入爐烘焙。C

5 將餅乾底放進烤箱下層、網架正中央，以上下溫 170℃烘烤 12 ～ 15 分鐘，直到中心不見濕潤質地。出爐後靜置在網架上直到冷卻。D

TIP：餅乾底經過預烤步驟能讓餅乾底保持乾酥，冷卻後再加入乳酪內餡烘烤也能避免類似沉澱層的發生。

酥菠蘿

1 在預留的 180g 餅乾底麵團中加入麵粉、燕麥片與糖，用手揉搓成酥菠蘿。蓋上保鮮膜，冰箱冷藏備用。E F

內餡

1 除了雞蛋與麵粉之外，其他所有食材用電動攪拌機以低速攪拌直到不見糖粒，無需打發。G

2 加入雞蛋攪拌成質地滑順的乳酪。

3 手動拌入麵粉，均勻就完成。H

組合

1 在完全冷卻的餅乾底上加乳酪內餡層，注意四角，抹平表面。I

2 鋪上草莓果醬，小心用湯匙推開。J

3 將冷藏的酥菠蘿用指尖搓薄搓碎後均勻撒在果醬上，入爐烘焙。K L

TIP：冷藏的酥菠蘿使用前不需回溫。

烘焙 Baking

| 烤箱位置 | 烤箱中下層，網架正中央

| 烘焙溫度 | 170℃／上下溫

| 烘焙時間 | 40 ～ 45 分鐘
*頂部酥菠蘿均勻上色，果醬開始升溫冒泡，即烘焙完成。

| 出爐靜置 | 出爐後靜置在網架上約 30 分鐘，用小刀劃開沾黏處，抓住兩側烘焙紙向上提起，順利脫模後，去除烘焙紙，靜置在網架上直到完全冷卻再裝入有蓋蛋糕盒。

| 蛋糕保存 | 加蓋，冰箱冷藏至少 4 小時或質地固定，冷藏保存。

| 裝 飾 |（可省略） 蛋糕冷卻後，食用前可依喜好再淋上少許果醬並撒上糖粉作為裝飾。

寶盒筆記 Notes

- 給予「燕麥花生酥菠蘿 花生果醬乳酪蛋糕」約 24 小時，風味熟成，甜酸濃度恰好，無論滋味與口感都最佳。
- 蛋糕內有花生醬風味乳酪內餡，應冷藏保存。可先切片後保存，冰冰吃味道非常好。如偏愛軟質乳酪口感，只需在食用前 10 分鐘靜置於室內回溫即可。
- 餅乾底即使經過三天冷藏靜置，依然保持酥美。頂部的燕麥花生酥菠蘿因吸收果醬中水分無法保持乾酥，卻也因此帶著豐濃的草莓鮮果香氣。
- 蛋糕切片前先熱刀：將西點刀浸入裝著溫熱水的高窄容器中，擦乾後使用。每次切蛋糕都重複熱刀動作，就能讓乳酪蛋糕有著乾淨而漂亮的切面。
- 果醬可替換其他喜歡的風味，當然可使用自製的果醬。市售果醬的鮮果含量與含糖比例不同，建議先品嚐過再自行酌量調整果醬用量。果醬用量的多寡對蛋糕的甜度、果香、口感與外觀都有直接的影響。果醬如果太硬，不容易抹開，可先用微波爐略微加熱或以隔水加熱的方法，幫助果醬軟化，或是加入少許冷開水調整。

no. 03

榛果椰子酥菠蘿
芒果黑莓蛋糕 Mango and Blackberry Cake with Hazelnut Coconut Streusel

芒果的強烈結合黑莓的酸澀之美，
中間多分榛果的香氣，再帶點椰子的熱情。
從熟悉的芳香走入熟悉的愛戀。

材 料 Ingredients

酥菠蘿 a

中筋麵粉 … 35g
細砂糖 … 10g
深色紅糖 … 15g
無鹽奶油（室溫）… 25g
鹽 … 1 小撮
榛果碎 … 15g
椰子絲 … 15g

蛋糕與內餡

無鹽奶油（室溫）… 60g
細砂糖 … 70g
香草糖 … 1 小匙
雞蛋（室溫）… 1 個
中筋麵粉 … 90g
泡打粉 … ½ 小匙
鹽 … 1 小撮
芒果切塊 … 淨重 160g
黑莓（新鮮或冷凍）… 40g
椰子絲 … 20g

其他

糖粉 … 適量

模 具 Bakeware

直徑 18 公分圓形分離式烤模

前置作業 Preparations

烤箱預熱：上下溫 170℃。
烤模底層鋪烘焙紙，烤模的內圈抹上奶油。

製作步驟 Directions

酥菠蘿

1 所有酥菠蘿的材料用手指尖搓合成粗砂狀，成團成塊就可，不均勻沒有關係。A B

2 蓋上保鮮膜或是放入有蓋容器，冷藏約 30 分鐘。C

蛋糕與內餡

1 用電動攪拌機搭配打蛋鉤，奶油中加入細砂糖與香草糖，以低速開始，1 分鐘後調整為中低速打發，糖粒融化後加入雞蛋，持續打發成淡黃色蓬鬆狀。

2 中筋麵粉、泡打粉、鹽先混合後再過篩，以手動方式用矽膠棒輕拌均勻。完成的蛋糕麵糊質地濃稠。備用。

3 切塊的芒果與黑莓中加入椰子絲，用小湯匙拌合均勻後，撒上約 1 ～ 2 大匙的榛果椰子酥菠蘿，稍微拌合。D E F

組合

1. 在底層鋪好烘焙紙的烤模中先撒上 1 大匙的酥菠蘿後，將所有蛋糕麵糊入模。G
2. 用湯匙抹成四周高中間較低的凹槽狀。H
3. 撒上約 1 ～ 2 大匙的酥菠蘿。I
4. 鋪上一半的芒果與黑莓。J
5. 再撒一層酥菠蘿。K
6. 再鋪上所有剩下的芒果與黑莓。最後將所有剩下的酥菠蘿均勻撒滿，覆蓋住水果。完成後入爐烘焙。L

   TIP：酥菠蘿覆蓋住水果，可以保持水果的水分，避免因烘焙而乾燥或焦黑。

烘焙 Baking

| 烤箱位置 | 烤箱下層，網架正中央

| 烘焙溫度 | 170℃／上下溫

| 烘焙時間 | 40 ～ 45 分鐘
*頂部呈現明顯金黃色澤，周邊上色均勻。

| 出爐靜置 | 出爐的蛋糕先留在網架上約 30 分鐘，略微降溫時再脫模。

| 裝 飾 | 蛋糕冷卻後，食用前撒上糖粉作為裝飾。
（可省略）

寶盒筆記 Notes

- **保鮮 & 享用方式**：蛋糕直徑 18 公分，可切 6 ～ 8 塊。所有以鮮果完成的糕點都不耐久放，建議應以新鮮製作，新鮮享受為佳。常溫蛋糕，只需要常溫保存。隔日回潤後，芒果的風味會更明顯，蛋糕更潤口好吃。氣候太熱時，可以放入冰箱冷藏，食用前記得在室內回溫，才能擁有奶油蛋糕應有的口感。
- 作為蛋糕酥頂的酥菠蘿因蛋糕回潤緣故，無法保持酥美口感。經過時間與芒果、黑莓鮮果風味融合與揉合的酥菠蘿，卻也因此成就另種新層次的好滋味。
- 喜歡更多的酥美酥菠蘿，可以額外製作酥菠蘿後，在鋪好烘焙紙的烤盤上烘焙完成，再撒於蛋糕上，就能擁有雙層的酥菠蘿享受。
- 製作素食糕點，可用椰子油 Coconut oil 替換奶油製作。蛋糕的風味截然不同。

no. 04

紅糖酥菠蘿
紅栗南瓜香料蛋糕 Pumpkin Spice Cake with Brown Sugar Streusel

充滿糖蜜風味的紅糖酥菠蘿，
充滿自然植物辛香的香料，
合力提襯紅栗南瓜的優質甜香而成風味。

材料 Ingredients

酥菠蘿

中筋麵粉 … 30g
肉桂粉 … ½ 小匙
淺色紅糖 … 35g
無鹽奶油（冷藏）… 20g

蛋糕

紅栗南瓜泥（參閱 p.166）… 100g
深色紅糖 … 35g
玉米油或菜油 … 45g
蜂蜜 … 30g
全脂鮮奶（室溫）… 45g
中筋麵粉 … 90g
泡打粉 … ½ 小匙
烘焙蘇打粉 … ½ 小匙
鹽 … ¼ 小匙
肉桂粉 … ½ 小匙
肉豆蔻粉 … 刀尖量
丁香粉 … 刀尖量
薑粉 … 刀尖量
紅栗南瓜（烤熟後切片）… 60g

其他

肉桂糖粉 … 適量

模具 Bakeware

長 24.0× 寬 7.7× 高 6.2 公分長形烤模

前置作業 Preparations

烤箱預熱：上下溫 170℃ 。
烤模抹油撒粉，備用。

製作步驟 Directions

酥菠蘿

1 將酥菠蘿所有食材用指尖搓合成酥菠蘿粗粒。冷藏備用。

蛋糕

▼南瓜泥請參閱「蜂蜜核桃酥菠蘿 南瓜慕斯方塊」製作步驟與說明，p.164 ～ 169。

1 將南瓜泥、紅糖、玉米油、蜂蜜、鮮奶一起加入容器中，手動攪拌均勻成南瓜糊。A

2 在另外準備的攪拌盆中，將麵粉、泡打粉、蘇打粉、鹽一起混合與過篩。B

3 再篩入所有辛香料（肉桂粉、肉豆蔻粉、丁香粉、薑粉）。C

4 加入南瓜糊，手動輕輕翻拌成均勻的蛋糕麵糊。麵糊的質地濃稠不流動。D E

5 麵糊入模後抹平表面，放上紅栗南瓜片。F G

6 所有紅糖酥菠蘿均勻撒在南瓜片上。完成後入爐烘焙。H

烘 焙 Baking

烤箱位置	烤箱下層，網架正中央
烘焙溫度	170℃／上下溫
烘焙時間	35 ～ 40 分鐘 *竹籤插入蛋糕中央，完全沒有麵糊沾黏，才算完成。頂部酥菠蘿上色明顯。
出爐靜置	出爐的蛋糕側臥在網架上約 10 分鐘，翻轉脫模後，靜置在網架上至完全冷卻後裝盒。I
裝 飾 （可省略）	蛋糕冷卻後撒上可增風味層次的肉桂糖粉。

A
B
C
D
E
F
G
H
I

no. 05

香料核桃酥菠蘿 **黑李子蛋糕** Plum Coffeecake with Spiced Walnut Streusel

清麗的酸與回津的甜。
德國老奶奶的傳統水果酥菠蘿蛋糕，深受喜愛的家庭食譜經典。
搭配核桃碎與微量肉桂與肉豆蔻兩種香料，滋味裡，有你我熟悉的溫暖。

材 料 Ingredients

酥菠蘿 a

中筋麵粉 … 70g
肉桂粉 … 1 小匙
肉豆蔻粉 … ¼ 小匙
淺色紅糖 … 60g
無鹽奶油（室溫）… 50g
核桃碎 … 35g

蛋糕 b

無鹽奶油（室溫）… 60g
細砂糖 … 80g
香草糖 … 1 小匙
雞蛋（室溫）… 1 個
中筋麵粉 … 90g
泡打粉 … ½ 小匙
鹽 … 1 小撮
李子（切片）… 淨重 200g

其他

糖粉 … 適量

模 具 Bakeware

直徑 18 公分圓形分離式烤模

前置作業 Preparations

烤箱預熱：上下溫 170℃。
烤模底層鋪烘焙紙，烤模的內圈抹上奶油。c

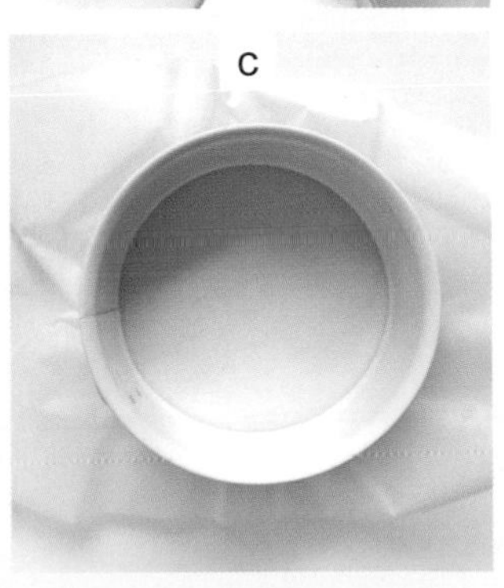

製作步驟 Directions

酥菠蘿

1 中筋麵粉、肉桂粉、肉豆蔻粉、紅糖先混合再過篩後，加入奶油。使用電動攪拌機搭配麵團鉤，以最低速攪拌成散落不規則的碎團塊狀即可。A

TIP：也可用手指尖將材料搓合成粗砂狀。不均勻，不規則，或可見到小奶油塊也沒有關係。

2 加入核桃碎手動拌合均勻 B。蓋上保鮮膜，冰箱冷藏 30 ～ 60 分鐘。

TIP：可用其他堅果替代核桃，對堅果過敏者可以等量中筋麵粉替代。如使用生堅果，可先在乾鍋中炒出香氣，冷卻後再使用。

蛋糕

1 奶油中加入細砂糖與香草糖，使用電動攪拌機搭配打蛋鉤，最低速打發約 1 分鐘後，調整為中低速打發，直到八成的糖粒融化。

2 加入雞蛋後，持續以中低速打發，直到色澤轉淡，質地蓬鬆。C

3 所有乾性材料先混合後再過篩加入 D，使用矽膠棒手動輕翻輕壓拌合，直到質地均勻不見粉粒即可。麵糊的質地濃稠不流動。

組合

1 蛋糕麵糊入模後用湯匙抹平。E

2 先撒上約 1 ～ 2 大匙的酥菠蘿。F

3 鋪上一半的切片黑李子。G

TIP：水果放置的方式為「果皮朝下、果肉朝上」。只需輕放在麵糊上方，不必壓入蛋糕麵糊，也避免將水果直接貼放在烤模圈上。

4 在切片黑李子上撒一層酥菠蘿。H

5 再鋪上所有剩下的切片黑李子。

6 最後將所有剩下的酥菠蘿均勻撒在切片黑李子上，覆蓋住黑李子。酥菠蘿中央另放一片黑李子作為蛋糕裝飾 I。完成後入爐烘焙。

TIP：酥菠蘿覆蓋住切片的水果，可以保持水果的水分，避免因烘焙而乾燥或焦黑。

A
B
C
D
E
F
G
H
I

烘焙 Baking

| 烤箱位置 | 烤箱下層，網架正中央

| 烘焙溫度 | 170℃／上下溫

| 烘焙時間 | 35 ～ 40 分鐘
*頂部呈現明顯金黃色澤，周邊上色均勻。

| 出爐靜置 | 出爐的蛋糕先留在網架上約 30 分鐘，用小刀小心沿著烤模圈劃一圈後，等降溫時再脫模。

| 裝 飾 （可省略） | 蛋糕冷卻後，食用前撒上糖粉作為裝飾。
*還沒有完全散熱的蛋糕會讓糖粉融化。

寶盒筆記 Notes

- **保鮮 & 享用方式：**「香料核桃酥菠蘿 黑李子蛋糕」屬常溫蛋糕。隔日回潤後，蛋糕甜度、香氣與滋潤度都更讓人喜歡。未能食用完畢的蛋糕需放置在有蓋的蛋糕盒中以常溫保存。室溫過高時，可以冷藏；食用前應先在室內回溫。
- 所有以鮮果製作的蛋糕與點心，應以「新鮮製作，新鮮享受」為原則。不利於久放。
- 除了黑李子，其他當季鮮果如杏桃、水蜜桃、蜜棗、蘋果、西洋梨……都可替代黑李子製作。
- 水果的鮮度高時脆度也高，酸度高時甜度比較低，可以適量加入少許糖調味。果肉質地較硬的水果，如蘋果與西洋梨，切片時應切得薄一點。
- 水果太多，切片或切塊過大，水果會在烘焙中下沉。當然，所使用的蛋糕食譜也會有關係。
- 為什麼分層放置切片水果？一層酥菠蘿，一層水果，再一層酥菠蘿……分層、分散放置讓水果間留下間距，其間的酥菠蘿可保護水果，即使在高溫烘焙時也不會黏結成團，並幫助吸收水果散發的水分，讓水果經過烘焙後依然保持至真風味，也能讓蛋糕擁有多一層帶著核桃與香料香氣的酥菠蘿的酥美口感。

no. 06

肉桂多多酥菠蘿
酸奶油午茶蛋糕 Sour Cream Coffeecake with Classic Cinnamon Swirl

無法忘記蛋糕中策動心弦的，不多不少的肉桂糖餡，
更無法忘記蛋糕上很多很多肉桂的，肉桂酥菠蘿。

材 料 Ingredients

酥菠蘿 a

中筋麵粉 … 90g
海鹽 … ⅛ 小匙
肉桂粉 … 3 小匙
深色紅糖 … 55g
無鹽奶油（融化）… 55g

肉桂可可糖餡

深色紅糖 … 60g
肉桂粉 … 3 小匙
烘焙可可粉 … 1 小匙

蛋糕 b

中筋麵粉 … 225g
泡打粉 … 1½ 小匙
酸奶油（室溫）… 85g
全脂鮮奶（室溫）… 145g
無鹽奶油（室溫）… 85g
細砂糖 … 130g
深色紅糖 … 35g
香草糖 … 10g
鹽 … ⅛ 小匙
雞蛋蛋汁（室溫）… 90g

其他

糖粉或肉桂糖 … 適量
糖霜（糖粉 50g ＋ 清水 1 小匙）… 適量

模 具 Bakeware

20×20×5 公分正方形烤模

前置作業 Preparations

烤箱預熱：上下溫 170℃。
烤模鋪烘焙紙。烤模上抹少許奶油有助烘焙紙固定。c

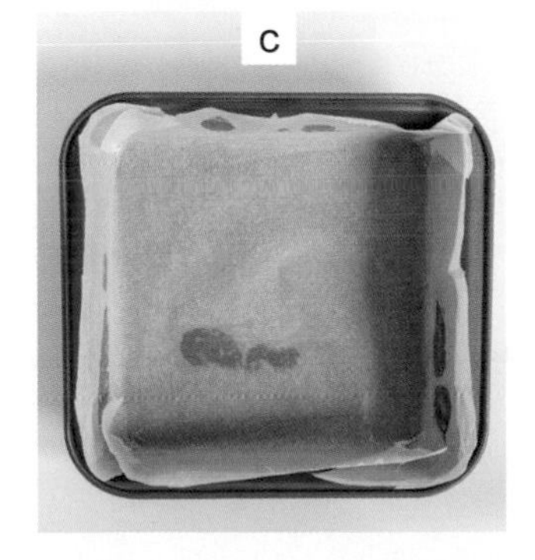

製作步驟 Directions

酥菠蘿

1 中筋麵粉、海鹽、肉桂粉混合過篩後，加入紅糖與融化奶油，手動拌合均勻。A

2 蓋上保鮮膜，冷藏 30 ～ 60 分鐘。

肉桂可可糖餡

1 所有食材手動拌合均勻，備用。B

蛋糕

1 乾性食材：麵粉與泡打粉先混合後過篩，備用。濕性食材：酸奶油與鮮奶混合均勻，備用。

2 使用電動攪拌機搭配打蛋鉤配件，奶油中加入細砂糖、紅糖、香草糖、鹽，以低速打發約 1 分鐘後，調整為中低速打發，直到糖粒不明顯。

TIP：於攪拌鋼盆下另墊溫水盆有助於打發。

3 分 2 ～ 3 次加入雞蛋。每次加入後，持續以中低速打發到蛋汁與奶油融合後，再加蛋汁。C

4 在奶油蛋糊中交叉加入乾性與濕性食材。先加一半乾性食材（麵粉與泡打粉），再加一半濕性食材（酸奶油與鮮奶），手動拌合，直到用完所有食材。D

5 完成質地均勻滑順的蛋糕麵糊。E

組合

1 取約六成的蛋糕麵糊入模後，用湯匙抹平。F

2 均勻撒上全部的肉桂可可糖餡。G

3 糖餡上方填入所有剩下的麵糊後，先震一震烤模讓麵糊平整，再用刀劃 Z 形紋路。H

4 將所有的酥菠蘿均勻撒在蛋糕頂上。完成後入爐烘焙。I

TIP：冷藏後的酥菠蘿如顆粒太大，用手捏碎即可，使用前不需回溫。

A
B
C
D
E
F
G
H
I

烘焙 Baking

| 烤箱位置 | 烤箱下層，網架正中央
| 烘焙溫度 | 170℃／上下溫
| 烘焙時間 | 45 ～ 50 分鐘
* 竹籤插入蛋糕中央，完全沒有麵糊沾黏，才算完成。
| 出爐靜置 | 蛋糕出爐靜置在網架上約 20 分鐘後再脫模，撕除底部烘焙紙，靜置在網架上至完全冷卻後裝盒。
| 裝飾（可省略）| 蛋糕冷卻後，食用前可淋糖霜，或是撒糖粉或肉桂糖粉作為裝飾。

寶盒筆記 Notes

- 「肉桂多多酥菠蘿 酸奶油午茶蛋糕」是以乳脂較低的酸奶油搭配鮮奶取代部分奶油製作而成的酸奶油蛋糕，鬆軟度與潤口度並駕齊驅。這是一款常溫蛋糕，應等烘焙隔日，蛋糕回潤後享用。
- 肉桂可可糖餡中的可可粉只為視覺效果，味道並不明顯，可以省略。若喜歡肉桂可可糖餡，可將份量增倍。
- 酸奶油午茶蛋糕使用僅僅 85g 的奶油。製作油糖打發步驟時，奶油或許無法與所有的糖順利融合，可在攪拌鋼盆下另墊溫水盆，將有助於打發。如只打發到部分的糖融化，可在第一次加入蛋汁後，拉長打發時間。
- 整個蛋糕製作過程中，最需注意的步驟是乾性、濕性食材需交叉拌合，可以避免油水分離與乾粉結團。
- 酸奶油，英文 Sour cream 或是 Soured cream，是由奶油混合乳酸菌發酵而成的乳製品，乳脂含量從 10% ～ 20% 都有，因乳酸菌而有自然的酸味，質地濃稠。在酸奶油午茶蛋糕食譜中，也可用等量的全脂希臘優格來替換酸奶油。如希望以自製優格製作，使用前應濾除優格多餘的水分，只保留固態優格。優格的乳脂含量較酸奶油低，所製作的蛋糕風味與口感皆有不同。

no. 07

酥烤酥菠蘿
蘋果杏仁鑲蛋糕 Apple and Almond Cake with Baked Cinnamon Streusel

薄薄的蘋果片傳達最多的柔酸之美，
薄薄的杏仁片聚集最清雅的堅果風韻，
一點點烤得恰如其分的酥美肉桂酥菠蘿，
搭配軟綿濃蜜的奶油蛋糕，口口歡喜，心感心受。

材 料 Ingredients

酥菠蘿

中筋麵粉 … 30g
海鹽 … 1 小撮
肉桂粉 … 1 小匙
深色紅糖 … 30g
無鹽奶油（融化）… 20g

蛋糕 a

蘋果（切片）… 淨重 240g
中筋麵粉 … 125g
玉米粉 Corn starch … 40g
泡打粉 … 1½ 小匙
無鹽奶油（室溫）… 170g
糖粉 … 125g
雞蛋蛋汁（室溫）… 125g

其他

杏仁片 … 20g
糖粉 … 100g
清水（或檸檬汁、鮮奶）… 10g

模 具 Bakeware

直徑 24 公分的分離式圓形蛋糕模

前置作業 Preparations

烤箱預熱：上下溫 180℃。
烤模抹油撒粉。b

a

b

製作步驟 Directions

酥菠蘿

1 先將融化奶油之外的所有食材混合，加入奶油後手動拌合均勻。蓋上保鮮膜，冰箱冷藏 30 ～ 60 分鐘。

2 烤盤上鋪烘焙紙，撒上酥菠蘿，以上下溫 180℃烘焙 10 分鐘。出爐後靜置至完全冷卻，或裝罐，或備用。

TIP：依酥菠蘿粒的大小調整烘焙時間。如計劃直接食用，應將酥菠蘿粒烘焙至全熟程度。

TIP：或可使用沒有用完、冷藏儲存的酥菠蘿。預烤過的酥菠蘿經二次烘焙會更乾鬆酥口，即使放在鮮果上也能保持酥美度。當然可以使用生的酥菠蘿，直接撒在蘋果與杏仁上方，同時入爐烘焙。

蛋糕

1 蘋果保留外皮，洗淨對切、去蒂與內核，用刨刀刨成薄片後浸入冷鹽水（清水加鹽比例為 10：1。食譜份量外。）約 5 ～ 10 分鐘，撈起瀝乾，冷藏備用。A

2 乾性材料（麵粉、玉米粉與泡打粉）混合後過篩，備用。

3 奶油以低速打發成滑順狀後加入糖粉，奶油與糖粉結合後調整為中速打發，色澤轉呈淡奶油色，成細密與滑順質地。B

4 分 2 ～ 3 次加入雞蛋，每次皆持續以中速打發到蛋汁與奶油完全融合再加下一次，完成蓬鬆狀態的奶油糖蛋霜。C D

TIP：冬天或室溫較低時，可在攪拌鋼盆下另墊溫水盆有助於打發。特別是當發生油水分離時，可於底部墊溫水盆打發至奶油與雞蛋再次開始融合就撤除，持續打發到蓬鬆。

5 分 3 次加入過篩好備用的乾性材料，手動拌合直到均勻。完成的麵糊質地濃稠不流動。E

組合

1 蛋糕麵糊入模後用湯匙抹平。F

2 將全部的蘋果片插入蛋糕中。蘋果片先對折，果皮朝上。G

3 撒上杏仁片。H

4 最後取約 30g 事先烤好的酥菠蘿粒，均勻撒在蛋糕表面，完成後入爐烘焙。I

TIP：剩下的酥菠蘿可搭配其他蛋糕或是加入麥片與優格中享受。如酥菠蘿顆粒太大，用手捏碎即可。從冷藏或冷凍室取出時可直接使用，無需回溫。

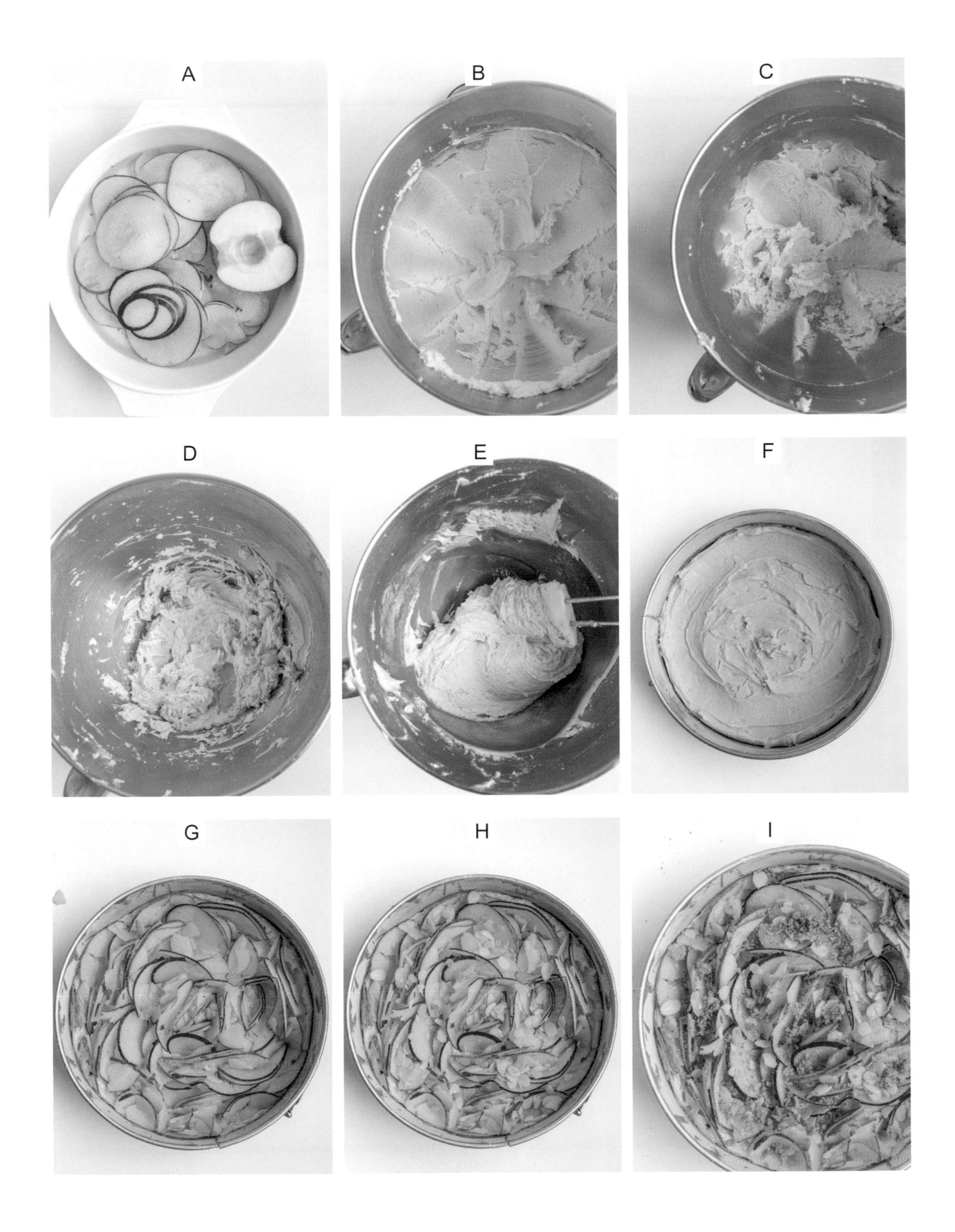
A
B
C
D
E
F
G
H
I

烘焙 Baking

| 烤箱位置 | 烤箱下層，網架正中央

| 烘焙溫度 | 180℃／上下溫

| 烘焙時間 | 35 ～ 40 分鐘
* 竹籤測試：蛋糕中央完全沒有麵糊沾黏，才算完成。

| 出爐靜置 | 蛋糕出爐靜置在網架上約 20 分鐘後先脫去烤模圈，等降溫後再撤除底盤，靜置在網架上至完全冷卻後裝盒。

| 裝飾 |（可省略）糖粉中加入清水或鮮榨檸檬汁，用叉子攪拌成質地均勻的糖霜。用湯匙將糖霜淋在冷卻蛋糕的蛋糕邊緣與上方。照片中的蛋糕另撒糖粉作為裝飾。若喜歡肉桂風味，也可另撒肉桂糖。

寶盒筆記 Notes

- 蘋果杏仁鑲蛋糕屬於薄蛋糕體的水果蛋糕，蛋糕體約為五分之三高，蘋果與杏仁加上酥頂約佔五分之二，所完成的大小為直徑 24 公分，可切 8 片。若使用較小的烤模，蛋糕體較高，所需的蘋果較少。
- 如將蘋果片切成厚皮，會因重量的緣故在烘焙中陷入蛋糕內，導致表面看不見蘋果，但不至於影響蛋糕的風味。
- 所選用的蘋果品種與熟度都會影響蛋糕的口感、味道。建議使用酸度較高、熟度較低的蘋果，在烘焙後依然保持新鮮蘋果的清脆與酸甜。
- 蘋果片浸漬鹽水是為了保持蘋果的色澤，浸泡時間很短，不會有明顯的鹹味。或可使用半顆新鮮檸檬的檸檬汁拌入蘋果片，能達到一樣的效果。
- 蛋糕應在烘焙次日，待蛋糕回潤後再享受。蛋糕可冷藏或冷凍。食用前需在室內回溫，才能體現蛋糕的最美風味與最佳口感。
- 以新鮮檸檬汁製作的糖霜搭配蘋果杏仁鑲蛋糕，甜酸交織，果香四溢，推薦嘗試。

[杏仁 Almond]

- 杏仁的滋味是所有堅果中最為清雅的。杏仁在糕點烘焙中可說是百搭，無論是作為蛋糕、餅乾、塔派的主力食材，或是搭配乳酪、果醬、布丁、奶油霜等餡料作為提味副食材，甚或作為增加風味層次的裝飾用食材，杏仁都是絕佳選擇。
- 杏仁屬於堅果類，含有約 53% 的脂肪。
- 因杏仁所含的油脂特別容易吸收環境中的氣味，開封後未食用、使用完的杏仁，應密封包裝後冷藏或冷凍保鮮。冷凍保鮮約 10 ～ 12 個月，冷藏保鮮約為 4 週，最長不超過 2 個月時間；如室溫保存，應將包裝好的杏仁放置在乾燥、陰涼、通風而無日照的地方，並盡快食用完畢。
- 果仁越完整，保存的期限越長。以照片中的杏仁為例，保存期的長短依序為：完整帶皮的杏仁粒→脫皮後的杏仁粒→杏仁角→杏仁片→杏仁磨成的細粉。經過脫皮、切片、切碎、磨粉的杏仁，都比完整帶皮的杏仁粒更容易遭受食蛾等蟲害侵襲，或是因氧化而腐壞。
- 購買杏仁與其他堅果時，最好找透明袋裝以便觀察果仁外型的完整度與色澤。果仁外型應為完整並呈現自然健康的色澤，外包裝袋無破損或蟲穿的小孔，保留原廠商品標示與保質訊息。
- 如對杏仁有酸敗或遭黴菌感染的懷疑時，可藉由視覺、嗅覺與味覺檢查識別，例如：果仁變黑或外觀粉粉的，開袋時聞到油耗氣味，品嚐時有不自然的麻苦味等，都能判斷杏仁已經不適合食用。如有任何疑慮，建議全部拋棄，以免有損健康。
- 採購食材，特別是小家庭，建議選購有完整商品資訊的原廠小包裝為主。新鮮買，新鮮食用為佳。

胡桃酥菠蘿
香蕉胡桃蛋糕 Banana Pecan Cake with Roasted Pecan Streusel

海鹽焦糖醬搭配香蕉胡桃蛋糕所凝聚的溫實和暖滋味，
註定成為家常蛋糕中的四季鍾愛。

材 料 Ingredients

酥菠蘿 a

中筋麵粉 … 55g
海鹽 … ⅛ 小匙
淺色紅糖 … 25g
無鹽奶油（室溫）… 40g
胡桃碎粒（乾炒）… 25g

蛋糕 b

中筋麵粉 … 185g
泡打粉 … 1½ 小匙
烘焙蘇打粉 … 刀尖量（約 1g）
鹽 … ⅛ 小匙
無鹽奶油（室溫）… 100g
糖粉 … 50g
淺色紅糖 … 65g
雞蛋蛋汁（室溫）… 100g
香蕉泥 … 235g
椰奶 … 70g
榛果磨成的細粉 … 35g
胡桃碎粒（乾炒）… 65g

其他

香蕉 … 1 根
海鹽焦糖醬（食譜 p.292）… 適量

a

b

模 具 Bakeware

20×20×5 公分正方形烤模

前置作業 Preparations

烤箱預熱：上下溫 180℃。
烘焙紙對折後鋪入烤模中，兩側留長邊以利脫模。
沒有鋪烘焙紙的兩側內緣抹上薄薄的奶油。c

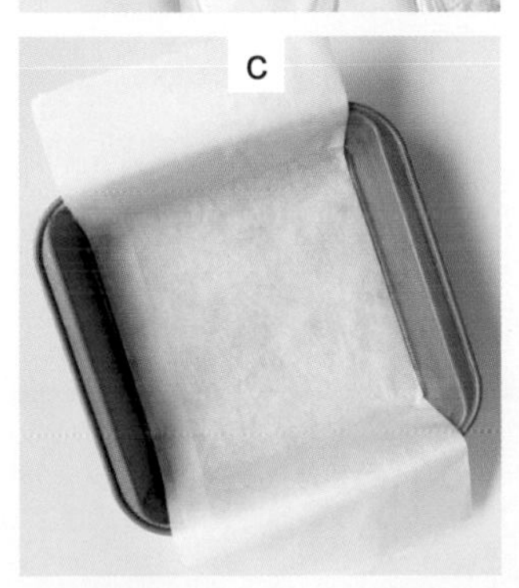
c

製作步驟 Directions

炒胡桃

1 蛋糕與酥菠蘿所需的胡桃先切大碎粒，在無油乾鍋中以中小火翻炒到略上色並發出香氣後，取出冷卻。備用。A

酥菠蘿

1 麵粉、海鹽、糖混合後，加入奶油與胡桃碎25g，用叉子手動拌合均勻。蓋上保鮮膜，冷藏備用。B C

蛋糕

1 將乾性食材（麵粉、泡打粉、蘇打粉、鹽）混合過篩，備用。

2 將香蕉用叉子壓成泥，備用。

3 準備溫水盆墊在攪拌鋼盆下，電動攪拌機搭配打蛋鉤配件，以低速將奶油與糖粉打發後，加入紅糖，調整為中低速打發直到糖粒不明顯。D E

4 分兩次加入雞蛋。每次加入，持續以中低速打發到蛋汁與奶油融合，再加下一次蛋汁。F

5 加入香蕉泥與椰奶，只需略微攪拌，待材料均勻後撤除溫水盆。G

TIP：使用椰奶前，先將椰奶浸入溫水盆中回溫，就能避免分離現象。

6 分兩次加入過篩備用的乾性食材，手動略微拌合後，加入榛果粉與胡桃碎 65g，輕輕切拌成均勻而濃稠的麵糊。H I

A
B
C
D
E
F
G
H
I

組合

1 蛋糕麵糊入模後用叉子向四角推開，抹平表面。J

2 均匀撒上全部的酥菠蘿。完成後入爐烘焙。K

烘焙 Baking

| 烤箱位置 | 烤箱中下層，網架正中央

| 烘焙溫度 | 180℃／上下溫

| 烘焙時間 | 45 分鐘

* 竹籤測試：蛋糕中央完全沒有麵糊沾黏，才算完成。

| 出爐靜置 | 蛋糕出爐靜置在網架上約 20 分鐘後，先用小刀劃開沒有鋪烘焙紙的兩側後，手握烘焙紙兩側提起就可脫模，撕除底部烘焙紙，靜置在網架上至完全冷卻後裝盒保存。L

* 所有酥菠蘿蛋糕出爐後，均應以酥菠蘿頂朝上方式放置，避免因蛋糕本身重量壓扁頂部的酥菠蘿，或是酥菠蘿頂因此脫落等狀況。

| 蛋糕保存 | 香蕉胡桃蛋糕屬常溫蛋糕，可常溫保存，或冷凍保鮮。

| 裝 飾（可省略）| 共可切成約 16 個立方塊。切塊的蛋糕在食用前以香蕉片點綴，再淋上海鹽焦糖醬增風味層次。

J

K

L

寶盒筆記 Notes

- 香蕉的熟成程度決定香蕉的香氣與甜度。
- 胡桃的確可以直接使用，但經過翻炒的胡桃，香氣更勝。
- 用於烘焙的堅果應選購未經調味的原味堅果。除了胡桃之外，也可使用其他堅果製作，以搭配香蕉來說，油脂比例較高、風味獨具的胡桃與核桃是為上選。
- 香蕉胡桃蛋糕是以油糖打發方式製作，屬麵糊類蛋糕，所有食材應以室溫為準，不過有時會因環境溫度較低，製作的份量較小、糖粒較粗……等原因而影響成品的成果。在製作時，當發現油糖無法打發成蓬鬆狀，或是在加入雞蛋後出現油水分離的狀態時，於攪拌鋼盆下「墊個溫水盆」是個簡單而有效的方法。一旦蛋奶糖糊呈滑順均勻質地時，就可撤除溫水盆。
- 製作蛋糕建議使用顆粒較小的糖。如果買來的糖顆粒較大，可用家庭調理機或果汁機等，將糖打成較細小的糖粒後再使用。
- 淺色紅糖，英文 Light brown sugar，有糖蜜風味，特別適合用於含有堅果的糕點製作。

no. 09

芝麻酥菠蘿
黑芝麻櫻桃蛋糕 Black Sesame Cherry Cake with Sesame Streusel

一點點櫻桃的心動，一點點黑芝麻的溫柔，
說一季當時的遠方，換一段此時的對望。

材料 Ingredients

酥菠蘿

- 中筋麵粉 ⋯ 60g
- 黑芝麻粉 ⋯ 10g
- 鹽 ⋯ 1 小撮
- 淺色紅糖 ⋯ 30g

無鹽奶油（室溫）⋯ 35g
黑芝麻粒 ⋯ 1 小匙

蛋糕 [a]

- 中筋麵粉 ⋯ 160g
- 杏仁磨成的細粉 ⋯ 20g
- 泡打粉 ⋯ 1¼ 小匙
- 烘焙蘇打粉 ⋯ ¼ 小匙
- 鹽 ⋯ ¼ 小匙

全脂鮮奶（室溫）⋯ 175g
黑芝麻粉 ⋯ 60g
無鹽奶油（室溫）⋯ 120g
細砂糖 ⋯ 100g
香草糖 ⋯ 2 小匙
雞蛋（室溫）⋯ 2 個

內餡

糖水櫻桃（瀝乾）⋯ 果肉淨重 200g

其他

糖水櫻桃　果肉淨重 150g
糖水櫻桃的糖水 ⋯ 100g
細砂糖 ⋯ 適量
櫻桃糖水加玉米粉（勾芡用）⋯ 適量
糖粉 ⋯ 適量
新鮮薄荷葉 ⋯ 適量

模具 Bakeware

20×20×5 公分正方形烤模

前置作業 Preparations

烤箱預熱：上下溫 170℃。
烘焙紙對折後鋪入烤模中，兩側預留寬邊以利脱模。
沒有鋪烘焙紙的兩側內緣抹上薄薄的奶油。[b]

a

b

製作步驟 Directions

酥菠蘿

1 麵粉、黑芝麻粉、鹽、糖混合後，加入奶油，用手搓成酥菠蘿，蓋上保鮮膜，冷藏備用。黑芝麻備用。A

蛋糕

1 麵粉、泡打粉、蘇打粉、鹽過篩後加入杏仁粉，混合均勻，備用。B

2 將黑芝麻粉倒入鮮奶中，攪拌均勻，靜置備用。C

3 使用電動攪拌機搭配打蛋鉤配件，將奶油、砂糖、香草糖一起打發至糖粒融化，色澤轉為淡黃色。D

4 加入雞蛋，一次一個，持續以中低速打發直到蛋汁與奶油融合，且質地蓬鬆。E

5 分三次，交叉加入部分黑芝麻鮮奶與部分乾性食材，手動切拌後，再重複交叉加入與拌合，直到所有材料用完。完成的麵糊滑順略微濃稠。F G H I

TIP：交叉加入乾濕食材可以防止油水分離。剛開始交叉加入食材時，略微拌合即可，不太均勻也沒關係，最後加完所有食材後，再仔細輕輕切拌與翻拌讓麵糊均勻，可避免過度操作造成麵粉出筋的問題。

組合

1 蛋糕麵糊入模，用湯匙將麵糊推開，抹平表面。J

2 鋪上瀝乾水分的糖水櫻桃粒，不要壓入麵糊。K

3 均勻撒上全部的酥菠蘿，最後撒上酥菠蘿材料中備用的黑芝麻，完成後入爐烘焙。L

B
C
D
F
G
H
J
K
L

烘焙 Baking

| 烤箱位置 | 烤箱中下層，網架正中央

| 烘焙溫度 | 170℃／上下溫

| 烘焙時間 | 50 分鐘

*頂部酥菠蘿均勻上色，竹籤測試蛋糕中央部分無麵糊沾黏，就可出爐。

| 出爐靜置 | 出爐後靜置在網架上約 30 分鐘，用小刀劃開沾黏處，抓住兩側烘焙紙向上提起，順利脫模後，去除烘焙紙，靜置在網架上直到完全冷卻，再裝入有蓋蛋糕盒。M

| 蛋糕保存 | 加蓋，室溫保存。

裝飾 Decorations

1 製作櫻桃醬：小鍋中加入櫻桃粒、櫻桃糖水、適量的糖，小火煮開，玉米粉糖水勾芡完成就離火，靜置冷卻後作為蛋糕的淋醬。N

2 蛋糕切塊淋上櫻桃醬，放上薄荷葉，撒糖粉裝飾。

寶盒筆記 Notes

- 糖水櫻桃是市售玻璃罐裝成品，糖水的甜度很低，浸漬其中的酸櫻桃仍然保持極佳的原味。
- 應給予「芝麻酥菠蘿 黑芝麻櫻桃蛋糕」風味熟成時間，讓蛋糕體中黑芝麻的天然香氣與其他食材融合，才能帶出最佳整體風味。
- 頂部芝麻酥菠蘿總重量近 140g，份量雖然不多，卻能給予蛋糕難以忽略的層次。酥菠蘿的重量也會讓覆蓋在蛋糕頂部的櫻桃在烘焙中自然沉入蛋糕中。
- 先將黑芝麻粉加入鮮奶中浸漬，有助於黑芝麻粉釋放其中的油脂與香氣，軟化黑芝麻粉的質地。完成的蛋糕，在潤澤度與黑芝麻的風味上都更佳。如將黑芝麻、鮮奶分開加入麵糊，雖食譜比例相同，外觀上無異，不過，因黑芝麻粉會吸收麵糊中的水分，蛋糕整體口感上較乾燥，蛋糕體也偏硬。

no. 10

肉桂酥菠蘿
肉桂核桃蘋果鬆糕 Cinnamon Walnut Apple Cake with Butter Cinnamon Streusel

潤著油的核桃在冬日的蘋果裡，暖著心的肉桂在蘋果與核桃裡，
任由奶油乳酪與植物油完成的鬆美甜糕承托著，就此烤出滿屋的暖心甜香。

材料 Ingredients

酥菠蘿
中筋麵粉 … 60g
細砂糖 … 25g
香草糖 … ¼ 小匙
肉桂粉 … ¼ 小匙
鹽 … 1 小撮
無鹽奶油（室溫）… 35g

肉桂核桃蘋果內餡
蘋果（切絲）… 果肉淨重 250g（約 2 ～ 3 個蘋果）
紅糖 … 15g
蘭姆酒 … 2 小匙
核桃磨成的細粉 … 1 小匙
肉桂粉 … ½ 小匙
核桃碎 … 20g

乳酪與植物油麵團
中筋麵粉 … 160g
泡打粉 … 1½ 小匙
鹽 … 1 小撮
細砂糖 … 30g
香草糖 … 1 小匙（或香草精 ½ 小匙）
全脂奶油乳酪（冷藏）… 80g
全脂鮮奶（冷藏）… 40g
葵花籽油 … 40g

其他
無鹽奶油（冷藏，切片）… 30g
糖粉 … 適量

模具 Bakeware

直徑 24 公分的分離式圓形蛋糕模

前置作業 Preparations

完成蘋果內餡後開始預熱烤箱：上下溫 200℃。
前置與蘋果內餡準備完成，製作時間約為 10 ～ 15 分鐘。
烤模底部鋪烘焙紙，內圈抹油。

製作步驟 Directions

酥菠蘿

1 將所有食材用手搓成細砂狀，蓋上保鮮膜，冷藏備用。[A]

肉桂核桃蘋果內餡

2 蘋果削皮去核切絲後，加入所有內餡食材拌合。備用。[B] [C]

乳酪與植物油麵團

1 麵粉中加入泡打粉、鹽、砂糖、香草糖混合均勻後，加入奶油乳酪，倒入混合好的鮮奶與葵花籽油。

2 使用手持式電動攪拌機搭配麵團鉤，低速攪拌成散落的塊狀麵團即可。[D]

TIP：避免過度攪拌，麵團開始出油並開始黏手就是過度了。

3 用手連續翻壓麵團，散落的麵團塊經過翻壓後會成團。[E]

4 將麵團壓平後入烤模，再將麵團均勻推開成底座。

組合

1 將所有的肉桂核桃蘋果內餡倒在麵團上，將切片奶油分佈在內餡上。如邊緣留有不平整的麵團，可以直接向內翻折蓋在餡料上。

2 撒上肉桂酥菠蘿。完成後入爐烘焙。[F] [G]

A
B
C
D
E
F
G

烘焙 Baking

烤箱位置	烤箱下層，網架正中央
烘焙溫度	200℃／上下溫
烘焙時間	25 ～ 30 分鐘
出爐靜置	均勻上色後就可出爐。連烤模靜置在網架上，待質地固定，用小刀沿烤模圈劃一圈再脫模，並去除底部烘焙紙。
裝飾（可省略）	食用前撒上糖粉。

寶盒筆記 Notes

- 肉桂核桃蘋果鬆糕可於烘焙當天食用，溫熱享受尤其美味。
- 如環境溫度與濕度高，為保持蛋糕的鮮美，建議裝盒後冷藏保存，食用前應在室溫中回溫，如能以烤箱再次回烤，滋味更佳，是早午餐的上選美味。搭配鮮果的糕餅點心，建議三天內享用完畢為佳。
- 蘋果的品種、質地、熟成程度，會直接影響蘋果鬆糕的味道與口感。除了核桃，也可替換榛果或是杏仁。以風味搭配來說，堅果中的核桃與肉桂及蘋果的搭檔，尤屬經典。
- 奶油乳酪與植物油麵團使用泡打粉為膨脹劑，屬於快速麵團；麵團操作方法尤其簡單，即使對麵團操作不熟悉與經驗有限的人也能做得好。
- 奶油乳酪與植物油麵團與酵母麵團不同，避免過度攪拌，不要揉搓，無需靜置，不必發麵，完成後應立即入爐烘焙。
- 奶油乳酪與植物油麵團適用於甜點，也適合用於鹹派或是快速披薩的製作。奶油乳酪無論選用低脂或全脂皆可，差異在鬆糕的潤澤度；植物油可用葵花籽油或菜籽油，製作鹹派與披薩時可用橄欖油。
- 奶油乳酪與植物油麵團所製作的甜點心，新鮮度越高，味道越好；與鮮果搭配所完成的鬆糕，可於出爐後略帶餘溫時享受。

no. 11

奶油酥菠蘿 黑李與罌粟籽優格蛋糕

Plum and Poppy Seed Yogurt Cake with Butter Streusel

果實的，種籽的，酸美的，苦麻的⋯⋯
雨天的，喜歡的，秋陽的，記得的⋯⋯
黑李子蛋糕配茶也配舊事，時光留著滋味，也很好。

材料 Ingredients

酥菠蘿

中筋麵粉 ⋯ 75g
細砂糖 ⋯ 50g
紅糖 ⋯ 25g
鹽 ⋯ 1 小撮
無鹽奶油（冷藏，切塊）⋯ 50g

蛋糕

雞蛋（室溫）⋯ 2 個
細砂糖 ⋯ 180g
香草糖 ⋯ 1 小匙
全脂優格（室溫）⋯ 250g
[中筋麵粉 ⋯ 150g
泡打粉 ⋯ 1¾ 小匙
鹽 ⋯ 1 小撮]
罌粟籽磨成的細粉 ⋯ 160g
植物油 ⋯ 125g
蘭姆酒葡萄乾（食譜 p.290）⋯ 50g
黑李子（切厚片）⋯ 果肉淨重 250g

其他

糖粉 ⋯ 適量

模具 Bakeware

20×20×5 公分正方形烤模

前置作業 Preparations

完成酥菠蘿製作後開始預熱烤箱：上下溫 180℃。
烤模底部抹上少許奶油，烘焙紙對折鋪入，兩側留寬邊，未鋪烘焙紙的兩側抹油。

製作步驟 Directions

酥菠蘿

1 使用電動攪拌機搭配麵團鉤，將所有酥菠蘿材料以低速攪拌成酥菠蘿粒，蓋上保鮮膜，冷藏備用。

蛋糕

1 使用電動攪拌機搭配打蛋鉤，將雞蛋、砂糖、香草糖一起打發至蓬鬆不見糖粒，雞蛋色澤轉淡。

2 分多次加入優格，每次加入都以低速攪拌至均勻。

3 另一個容器中，先將麵粉、泡打粉、鹽一起過篩後，再加入罌粟籽磨成的粉拌合。

4 使用矽膠攪拌棒手動操作，先加入一半的乾粉與一半的植物油，切拌與拉拌後，再加入剩下的乾粉與剩下的植物油拌合均勻。

TIP：加入乾性材料與植物油的方法與份量非常重要。因乾粉中的罌粟籽會快速吸收流質食材的特性，需以交錯加入方式操作，避免因拌不開而過度用力攪拌，導致麵粉出筋。如先倒入全部植物油，會造成油水分離。

5 最後加入蘭姆酒葡萄乾後，再確實拌合成質地均勻的麵糊。

組合

1 麵糊入烤模後用湯匙抹平，鋪上切成片的李子，果皮朝下，再撒上酥菠蘿粒，完成後入爐烘焙。

烘 焙 Baking

| 烤箱位置 | 烤箱下層，網架正中央
| 烘焙溫度 | 180℃／上下溫
| 烘焙時間 | 45 分鐘
| 出爐靜置 | 出爐的蛋糕先留在網架上約 30 分鐘，用小刀小心沿著烤模圈劃一圈後脫模並撤除底部烘焙紙，靜置在網架上直到完全冷卻後再裝盒。
| 裝 飾 | 食用前撒上糖粉。
（可省略）

寶盒筆記 Notes

- 黑李與罌粟籽優格蛋糕屬常溫蛋糕。蛋糕的風味與甜香在回潤後會更宜人。
- 酥菠蘿的風味與口感為蛋糕更增層次，酥菠蘿的酥美僅限於烘焙當日，隨著時間，會與蛋糕一同熟成與回潤成漸層式的整體風味，不再保持乾脆。
- 除了黑李，也可用櫻桃與杏桃替代製作。
- 罌粟籽食材在某些區域，例如台灣，因受法規限制，採購不易。可用杏仁或核桃磨成的細粉，取代食譜中罌粟籽粉。使用堅果粉時，只需 140g 即可，其他食材份量相同。食材特性與風味的差異性，會一併呈現在成品中。

no. 12

開心果酥菠蘿 抹茶馬斯卡彭蛋糕

Matcha Mascarpone Cake with Pistachio Streusel

開心果酥菠蘿中融著茶色的青青丰采，
馬斯卡彭乳酪與抹茶合成的絲滑慕斯中留著茶芬的輕輕回韻，
以帶著淡淡葉香的抹茶蛋糕完成滋味中的風景。

材 料 Ingredients

香草酥菠蘿

中筋麵粉 … 75g
鹽 … 1 小撮
細砂糖 … 30g
香草糖 … ¼ 小匙
無鹽奶油（冷藏，切塊）… 45g

開心果抹茶酥菠蘿

開心果磨成的細粉（原味）… 25g
中筋麵粉 … 20g
日式烘焙用抹茶粉 … 2g
糖粉 … 20g
無鹽奶油（冷藏，切塊）… 15g

內餡

全脂馬斯卡彭乳酪（室溫）… 170g
蛋黃（室溫）… 2 個
糖粉 … 35g
中筋麵粉 … 1 小匙
日式烘焙用抹茶粉 … 1 小匙

蛋糕 a

全脂奶油乳酪（室溫）… 90g
全脂鮮奶（室溫）… 30g
葵花籽油 … 40g
糖粉 … 100g
香草糖 … 1 小匙
鹽 … 1 小撮
中筋麵粉 … 135g
玉米粉 … 10g
泡打粉 … 1½ 小匙
日式烘焙用抹茶粉 … 15g

其他

糖粉或抹茶粉 … 適量

模 具 Bakeware

直徑 18 公分圓形分離式烤模

前置作業 Preparations

開始製作內餡時預熱烤箱：上下溫 170℃。
烤模底部鋪上烘焙紙，內圈抹油，備用。b

a

b

製作步驟 Directions

香草酥菠蘿

1 食物調理機中依序放入麵粉、鹽、砂糖、香草糖、奶油，使用中低速，間隔 5 秒，重複以「啟動—停機—再啟動—再停機」方式操作，直到所有材料成酥菠蘿粒狀。蓋保鮮膜，冷藏 30 分鐘，備用。A B

TIP：參閱「食物調理機製作酥菠蘿」分解步驟圖，p.050 ～ 052。可用手搓方式替代調理機製作酥菠蘿。方法不同，美味相同。

開心果抹茶酥菠蘿

1 烘烤過的無鹽開心果去殼，盡可能搓去外皮，用食物調理機打成細粉。C D

2 在開心果細粉中陸續加入麵粉、過篩的抹茶粉、糖粉，用食物調理機攪拌均勻。E F

TIP：抹茶粉易受潮結塊，應過篩後使用可避免抹茶結團。

3 加入奶油塊，使用中低速，間隔 5 秒，重複以「啟動—停機—再啟動—再停機」方式操作，成粗砂狀就停機。G H

4 將酥菠蘿倒在工作檯上，使用刮板連續翻壓，直到成散落酥菠蘿團塊。蓋保鮮膜，冷藏 30 分鐘，備用。I J K L

TIP：為在烘焙後保持形狀，開心果抹茶酥菠蘿所使用的奶油比例較低，開心果較多，需經手工翻壓幫助酥菠蘿成形。剛開始翻壓時是粉狀，持續翻壓動作就能完成理想粒狀。

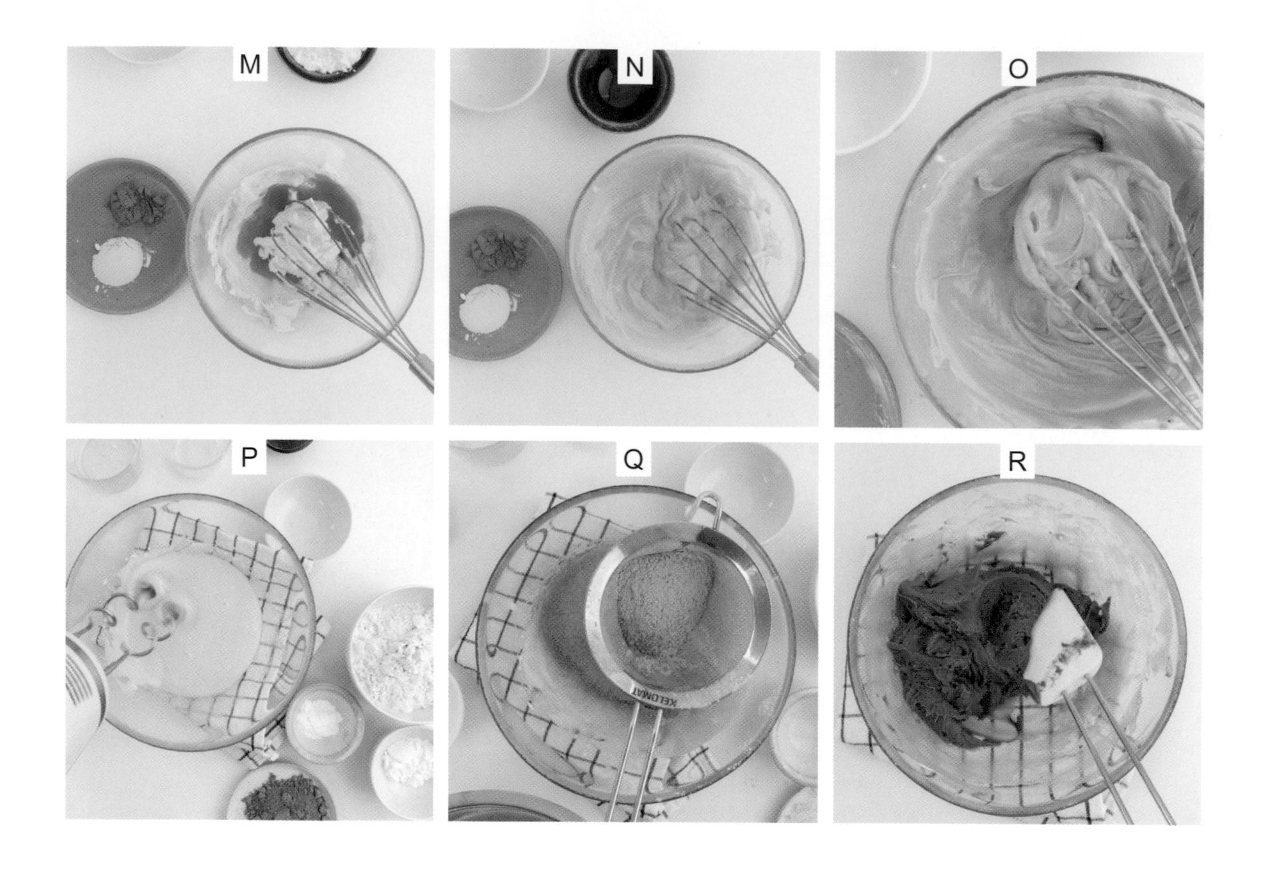

內餡

1 容器中加入馬斯卡彭乳酪、蛋黃、糖粉，使用打蛋器，手動輕輕畫圈攪拌成滑順的乳酪糊。M N

2 再加入過篩的麵粉與抹茶粉，拌合均匀。備用。O

TIP：內餡無需打發，避免攪拌過多空氣。

蛋糕

1 使用手持式電動攪拌機搭配麵團鉤，將容器中的奶油乳酪、鮮奶、油、糖粉、香草糖、鹽，一起用低速攪拌均匀即可。P

2 將麵粉、玉米粉、泡打粉、抹茶粉混合過篩後，分兩次加入，手動拌合均匀，抹茶會吸收水分，麵糊質地呈濃稠狀態。Q R

TIP：完成的麵糊中或見小奶油乳酪塊，稍用矽膠棒壓合就可。避免用力攪拌導致麵粉出筋。

組合

1 將蛋糕糊填入鋪好烘焙紙的烤模中，用矽膠棒抹平後再壓出波浪造型。S

2 倒入馬斯卡彭乳酪內餡，用湯匙抹平表面。T

3 交錯撒入香草酥菠蘿與開心果抹茶酥菠蘿，直到用完所有酥菠蘿，入爐烘焙。U V W X

TIP：冷藏後的酥菠蘿顆粒太細碎或是太大塊，都可再次用手搓合或捏碎，調整成自己喜歡的顆粒大小。最上方的酥菠蘿顆粒較大，完成後紋理較漂亮。

烘焙 Baking

| 烤箱位置 | 烤箱下層，網架正中央

| 烘焙溫度 | 170℃／上下溫

| 烘焙時間 | 40 ～ 45 分鐘

| 熄火靜置 | 頂部酥菠蘿均勻上色後，烤箱熄火，將烤箱門全開，靜置 15 分鐘後再出爐。

| 出爐靜置 | 連烤模靜置在網架上。待略微降溫，蛋糕略微內縮，中央凹陷，外緣呈環狀，用小刀沿烤模圈劃開沾黏處。蛋糕質地固定後去除烤模圈與底部烘焙紙。靜置在網架上直到完全冷卻再加蓋冷藏。

| 裝 飾（可省略）| 食用前撒上糖粉或抹茶粉裝飾。

no. 13

大理石酥菠蘿
巧克力乳酪布朗尼 Chocolate & Cream Cheese Brownies with Marble Streusel

偶爾無法在香草與巧克力中做選擇時，
或可讓大理石表達那分游離的任性。
偶爾無法在乳酪蛋糕或是布朗尼做決定時，
或可藉巧克力乳酪布朗尼安撫那分不願明說的貪婪。

材料 Ingredients

香草酥菠蘿 a
中筋麵粉 … 120g
鹽 … 1 小撮
細砂糖 … 60g
香草糖 … ½ 小匙
無鹽奶油（冷藏，切塊）… 90g

巧克力酥菠蘿 a
香草酥菠蘿（生麵團）… 80g
中筋麵粉 … 1 大匙
細砂糖 … 1 小匙
烘焙可可粉 … 10g
無鹽奶油（冷藏，切塊）… 10g

乳酪與植物油麵團 b
中筋麵粉 … 135g
泡打粉 … 1½ 小匙
鹽 … 1 小撮
細砂糖 … 100g
香草糖 … 1 小匙
烘焙可可粉 … 30g
全脂奶油乳酪（室溫）… 70g
全脂鮮奶（室溫）… 20g
葵花籽油 … 30g

其他
糖粉 … 適量

內餡
全脂奶油乳酪（室溫）… 160g
蛋黃（室溫）… 2 個
細砂糖 … 35g
中筋麵粉 … 1 小匙

模具 Bakeware

20×20×5 公分正方形烤模

前置作業 Preparations

完成酥菠蘿製作後開始預熱烤箱：上下溫 180℃。
烤模底部抹上少許奶油，烘焙紙對折鋪入，兩側留寬邊，未鋪烘焙紙的兩側抹油。

a

b

製作步驟 Directions

香草酥菠蘿

1 食物調理機中依序放入麵粉、鹽、砂糖、香草糖、奶油，使用中低速，間隔 5 秒，重複以「啟動—停機—再啟動—再停機」方式操作，直到所有材料成酥菠蘿粒狀。A B

TIP：參閱「食物調理機製作酥菠蘿」分解步驟圖，p.050 ～ 052。沒有食物調理機，可用手搓方式完成酥菠蘿，方法不同，美味相同。

2 取出 190g 的香草酥菠蘿，蓋保鮮膜，冷藏 30 分鐘，備用。C

巧克力酥菠蘿

1 食物調理機裡保留約 80g 的香草酥菠蘿中，加入麵粉、砂糖、過篩可可粉、奶油。D E

TIP：烘焙可可粉容易受潮結塊，需過篩再使用，以避免在麵團中留下可可團塊。

2 使用中低速，間隔 5 秒，重複以「啟動—停機—再啟動—再停機」方式操作，直到所有材料成可可酥菠蘿粒。蓋保鮮膜，冷藏 30 分鐘，備用。F

乳酪與植物油麵團

1 麵粉中加入泡打粉、鹽、砂糖、香草糖、過篩的可可粉後，混合均勻G。繼續加入奶油乳酪，倒入鮮奶與葵花籽油。

2 使用手持式電動攪拌機搭配麵團鉤，低速攪拌成散落的塊狀麵團即可，冷藏備用。H I

TIP：完成的麵團中仍會見到少許奶油乳酪。避免過度攪拌，麵團浮油與黏手就是過度了。建議於攪拌時多次停機檢查，直到達到理想質地。

內餡

1 容器中加入奶油乳酪、蛋黃、砂糖，使用打蛋器手動輕輕畫圈攪拌成滑順的乳酪糊後，再加入麵粉，拌合均勻。J K L

TIP：無需打發，避免攪拌過多空氣入內餡。

組合

1 將乳酪與植物油麵團倒入鋪好烘焙紙的烤模中，使用湯匙略微壓合成布朗尼底座。可以不必太平整，烘焙後，布朗尼底會因此成波浪造型。M N

TIP：烤模內側，沒有鋪烘焙紙的兩邊，記得抹上薄薄的奶油，可防止沾黏。

2 倒入乳酪內餡。晃動烤模讓內餡均勻覆蓋在麵團上。O

3 交錯撒入香草酥菠蘿與巧克力酥菠蘿在內餡上方成大理石花紋狀，直到用完所有酥菠蘿後，入爐烘焙。P Q R

TIP：冷藏後的酥菠蘿顆粒太細碎或是太大塊，都可再次用手搓合或捏碎，調整成自己喜歡的顆粒大小。

烘焙 Baking

| 烤箱位置 | 烤箱下層，網架正中央

| 烘焙溫度 | 180℃／上下溫

| 烘焙時間 | 35 ～ 40 分鐘

| 出爐靜置 | 頂部酥菠蘿均勻上色後就可出爐，可依酥菠蘿上色狀態判斷。連烤模靜置在網架上，待降溫後，用小刀沿烤模圈劃一圈，雙手抓住烘焙紙的兩側，將蛋糕向上提起就可脫模。未降溫的布朗尼，其中的乳酪內餡尚未固定，著急脫模會影響完整性。以寬口平鏟鏟起蛋糕，撤除底部烘焙紙，靜置在網架上直到完全冷卻。

| 裝 飾 | 食用前撒上糖粉。
（可省略）

寶盒筆記 Notes

- 巧克力乳酪布朗尼可於烘焙當天待質地固定就可享用。隔日品嚐，可可與香草的香氣更濃郁，潤澤度極佳的口感，美味至極。
- 傳統的布朗尼以奶油、糖、雞蛋、可可粉、巧克力（融化）與少量的麵粉製作完成。「大理石酥菠蘿 巧克力乳酪布朗尼」的底座是以乳酪與植物油加上可可粉製作完成，其中無雞蛋，無奶油，也無巧克力；即使如此，在風味與口感上，與傳統布朗尼相較，相似度極高，而且毫不遜色。
- 「大理石酥菠蘿」需提前製作並冷藏至少 30 分鐘，以確保酥菠蘿在烘焙時不會因為乳酪內餡的緣故而融化，並可保持酥菠蘿的外型。
- 冷藏後的酥菠蘿，無論太細碎或是結成大團塊都可用手再做調整。太細碎無大理石花紋效果，太大太重會沉入內餡，顆粒約為花生大小為佳。
- 當乳酪內餡在攪拌過程中過度打發而包覆過多空氣，烘焙時乳酪會因此膨起，造成出爐冷卻時塌陷。雖不影響口感，但會因膨起的乳酪餡裹住頂層的大理石酥菠蘿而影響外觀。
- 「大理石酥菠蘿 巧克力乳酪布朗尼」所需材料均屬家庭常備食材，主食材在酥菠蘿、內餡、麵團中重複性高，不需準備多樣材料。最重要的是操作簡易，風味獨具，絕對能贏得每個布朗尼迷的愛。

CHAPTER

3

酥菠蘿的美好時光

酥餅。塔派

STREUSEL BARS × TART

no. 14

阿爾卑斯山傳統果餡薑餅

Austrian Alpine Classic Gingerbread

奧地利阿爾卑斯山區的世代珍愛經典，
傳統果餡薑餅既藏四季之豐，亦存香料之美，
滋味溫暖且馨香沁心。

材 料 Ingredients

內餡 a

- 糖漬無花果乾 … 100g
- 糖漬桔皮丁 … 100g
- 杏桃乾 … 50g
- 椰棗 … 50g
- 葡萄乾 … 50g

杏仁碎粒 … 20g
榛果碎粒 … 30g
肉桂粉 … 1 小匙
紅醋栗果醬 … 120g

薑餅塔皮 b

- 黑麥麵粉 … 300g
- 泡打粉 … 8g
- 烘焙蘇打粉 … ½ 小匙
- 薑餅綜合香料粉 … 15g

糖粉 … 100g
蜂蜜 … 35g
雞蛋（室溫）… 2 個
新鮮檸檬的皮屑 … ½ 個檸檬
無鹽奶油（室溫）… 50g

酥菠蘿

預留的薑餅塔皮 … 130g
黑麥麵粉 … 10g
淺色紅糖 … 25g
薑餅綜合香料粉 … ½ 小匙
無鹽奶油（室溫）… 25g

其他

糖粉 … 60g
新鮮柳橙汁 … 3 大匙
蘭姆酒 … 1 ～ 2 小匙
新鮮柳橙的皮屑 … 1 個柳橙

模 具 Bakeware

20×20×5 公分正方形烤模

前置作業 Preparations

薑餅綜合香料粉（參閱 p.288）
烤箱預熱：上下溫 190℃。
烘焙紙對折後鋪入烤模中，兩側預留寬邊以利脫模。
沒有鋪烘焙紙的兩側內緣抹上奶油。

a

b

製作步驟 Directions

內餡

▼「薑餅綜合香料粉」製作說明，請參閱 p.288。

1 選用的果乾如較為乾燥，須在使用前先用溫水浸泡 15 ～ 30 分鐘直到果乾展開，確實瀝乾水分，切丁使用。A

2 綜合果乾中加入杏仁粒、榛果粒、肉桂粉。B

3 加入紅醋栗果醬後拌勻C。蓋上保鮮膜，靜置備用。室溫高的話可以冷藏。

薑餅塔皮

1 準備攪拌鋼盆，將黑麥麵粉、泡打粉、蘇打粉、薑餅綜合香料粉先混合再過篩。D

2 陸續加入所有其他薑餅塔皮食材。E

3 使用電動攪拌機搭配麵團鉤，以最低速操作，將所有食材攪拌成團即可F。用手將麵團壓合成圓形，包上保鮮膜，冰箱冷藏 30 ～ 60 分鐘鬆弛。

組合

1 工作檯撒上手粉（食譜份量外），將薑餅塔皮擀開，約 30×40 公分。G

2 在塔皮中央填入所有內餡，用湯匙略微抹平。H

3 左右兩側的塔皮往中央蓋在內餡上，不需密合。I

4 切除上下的塔皮，約重 130g，作為製作酥菠蘿用。J

5 將薑餅塔從底部托起後入模。用手稍微壓平，讓薑餅塔皮緊貼烤模底部與四角。不是剛剛好時，可將過寬的部分，如圖操作方式，往中央折起就可。K

6 把預留的 130g 薑餅塔皮與酥菠蘿材料：黑麥麵粉、淺色紅糖、薑餅綜合香料粉、無鹽奶油，用手揉搓成酥菠蘿塊。將酥菠蘿均勻撒在薑餅上方。完成後入爐烘焙。L

烘焙 Baking

| **烤箱位置** | 烤箱下層，網架正中央
| **烘焙溫度** | 190℃／上下溫
| **烘焙時間** | 20 ~ 25 分鐘
* 薑餅頂部與周邊上色均勻。
| **閉爐靜置** | 確定烘焙完成後，烤箱熄火，果餡薑餅留在密閉烤箱中 10 分鐘。
| **出爐靜置** | 出爐的果餡薑餅留在網架上。準備蘭姆酒橙汁糖霜。

裝飾 Decorations

1 製作蘭姆酒橙汁糖霜：糖粉中加入新鮮橙汁與蘭姆酒，用湯匙攪拌均勻。

2 果餡薑餅出爐後立即將糖霜刷在薑餅上方，多刷幾次，讓頂部完全浸潤在糖霜中。留 1 ~ 2 小匙的糖霜。刷完糖霜後靜置在網架上等降溫。M

3 冷卻後，先用小刀沿邊劃開沾黏後，抓著兩側的烘焙紙向上提起就可脫模。

4 去除烘焙紙，剩下的糖霜刷在薑餅的四邊，再撒上橙皮的皮屑，完成 N。裝入餅乾盒，室溫保存。

TIP：剛出爐的果餡薑餅更能吸收糖霜中的酒香與果香。若希望省略蘭姆酒，增加柳橙汁即可。

寶盒筆記 Notes

- 傳統果餡薑餅採黑麥麵粉與蜂蜜經典組合，並以口感溫潤的蘭姆酒橙汁糖霜封存風味，完成之後，先將完整的果餡薑餅裝入鋪上烘焙紙的餅乾盒，留置在常溫中讓風味熟成，至少三天。最佳賞味在一週之後，更能體會傳統果餡薑餅的百分之百的美味承諾。
- 傳統果餡薑餅可以冷凍保存，保鮮時間約為兩個月。
- 果餡薑餅中所使用的乾果可依個人喜好選擇，重要的是無論使用何種乾果，都應經過以下所列其中之一的前置作業：酒漬、糖漬、果汁浸漬，或是溫開水浸漬。讓果乾回潤並重現果香，經過潤澤過的果乾不會吸取薑餅塔皮中的水分，果餡薑餅因此能保持長時間的滋潤口感。
- 帶殼乾烤後切碎的南瓜籽、去殼的葵花籽、芝麻等種籽類食材，可用以取代堅果。
- 自製薑餅綜合香料粉，請參閱食譜 p.288。

no. 15

黑芝麻酥餅

Black Sesame Streusel Bars

黑芝麻中的苦與潤，經過一夜熟成，就成震心滋味。
酥菠蘿中的奶酥之美，環繞黑芝麻的香與麻，終成至愛不悔。

材 料 Ingredients

黑芝麻內餡 a

全脂鮮奶（室溫）… 125g
細砂糖 … 40g
香草糖 … 1 小匙
黑芝麻粉（原味無糖）… 120g
杏仁磨成的細粉 … 25g
杏桃乾（切丁）… 50g

酥菠蘿 b

無鹽奶油（室溫）… 100g
細砂糖 … 40g
糖粉 … 40g
香草糖 … 1 小匙
高筋麵粉 … 190g
泡打粉 … 1¼ 小匙
鹽 … 1 小撮

其他

黑芝麻粒 … 1 ～ 2 小匙
糖粉 … 100g
玉米粉 … 1 小匙
清水 … 2 ～ 3 小匙

模 具 Bakeware

20×20×5 公分正方形烤模

前置作業 Preparations

烤箱預熱：上下溫 180℃。
烘焙紙對折後鋪入烤模中，兩側留長邊以利脫模。沒有鋪烘焙紙的兩側內緣抹上薄薄的奶油。c

製作步驟 Directions

黑芝麻內餡

1 鮮奶中加入砂糖與香草糖加熱，畫圈攪拌以免焦底，沸騰後離火。A

2 鮮奶中加入黑芝麻粉、杏仁粉與杏桃乾，攪拌均勻後，加蓋靜置至少 60 分鐘。B C

TIP：建議將黑芝麻內餡裝入保鮮盒加蓋冷藏，讓內餡的風味更具層次。可保鮮三天。

酥菠蘿

1 切塊的室溫奶油中加入砂糖、糖粉與香草糖，使用電動攪拌機搭配麵團鉤，低速攪拌，無需打發，呈散落不規則的碎團塊狀即可。D

2 加入過篩好的麵粉、泡打粉、鹽，採手動方式，使用刮板連續切拌成酥菠蘿。E

TIP：用手輕抓時散落的麵團粒 F。緊握時散落的麵團會成團。G

3 酥菠蘿完成時的狀態 H。蓋上保鮮膜，冰箱冷藏 60 分鐘。

TIP：完成的酥菠蘿粒可裝入玻璃罐，加蓋密封冷藏。冷藏保鮮可達七天。

組合

1 取約 200g 的酥菠蘿製作酥餅的酥底，鋪入烤模中，用湯匙壓實壓緊。I J

TIP：冷藏備用的酥菠蘿與黑芝麻內餡都可直接使用，不需回溫。黑芝麻內餡經過靜置，完全吸收水分後會成為濃稠芝麻膏狀。

2 加入全部的黑芝麻內餡，用湯匙抹平。K

3 均勻撒上所有剩下的酥菠蘿粒。可在頂層另外撒上少許黑芝麻粒。完成後入爐烘焙。L

B
C
D
F
G
H
J
K
L

烘焙 Baking

| 烤箱位置 | 烤箱下層，網架正中央

| 烘焙溫度 | 180℃／上下溫

| 烘焙時間 | 30 ～ 35 分鐘
* 整體均勻上色。

| 出爐靜置 | 出爐後靜置在網架上約 30 分鐘，用小刀劃開沾黏處，抓住兩側烘焙紙向上提起，順利脫模後，去除烘焙紙，靜置在網架上直到完全冷卻再裝入餅乾盒。

| 裝 飾 |（可省略）糖粉與玉米粉先混合，再加入清水，用小湯匙攪拌成質地均勻的糖霜。在完全冷卻的黑芝麻酥餅上淋上糖霜作為裝飾。

寶盒筆記 Notes

- 黑芝麻酥餅可現做現享受。誠心建議提前一天備料製作後冷藏，給予黑芝麻充分時間吸收鮮奶的潤澤與油脂，並與杏仁完美融合，次日組合後烘焙，享受更深一層的芝麻感動。
- 食譜中所使用的黑芝麻粉是原味無糖的。如購得的黑芝麻粉中已經加糖，應減少食譜中的糖量。糖與少量的鹽可以調整黑芝麻的微苦風味，糖量太少會影響風味。黑芝麻擁有天然油脂，磨成粉後較容易腐壞，如聞到油耗味就不宜再使用。
- 黑芝麻內餡經過靜置後，吸收鮮奶的水分並融合杏仁的香氣，質地會成為較為濃稠的芝麻膏，經過烘焙後搭配酥菠蘿的酥美，更美味。
- 若要增加風味層次，可在靜置後的黑芝麻內餡中加入約 1 大匙的阿瑪雷托杏仁利口酒 Amaretto 或其他堅果釀製的利口酒，拌勻後使用。
- 除了杏桃乾之外，也可搭配椰棗或是葡萄乾來製作。

no. 16

蜂蜜核桃酥菠蘿
南瓜慕斯方塊 Pumpkin Mousse Slice with Honey Roasted Walnut Streusel

溫暖且深刻，潤美而富饒。
四味香料的承載，蜂蜜核桃的允諾，說不盡的一片滋味綿綿。

材 料 Ingredients

南瓜泥
紅栗南瓜（切片）… 400g

酥菠蘿
中筋麵粉 … 160g
泡打粉 … 1 小匙
肉桂粉 … ½ 小匙
鹽 … 1 小撮
無鹽奶油（室溫）… 80g
細砂糖 … 60g
香草糖 … 1 小匙

蜂蜜核桃 a
清水 … 15g
植物油 … 1 小匙
蜂蜜 … 45g
核桃 … 90g
鹽之花 … 1 小撮

南瓜慕斯 b
南瓜泥（參閱 p.166）… 300g
動物鮮奶油 35%（室溫）… 80g
細砂糖 … 40g
淺色紅糖 … 40g
香草糖 … 1 小匙
雞蛋（室溫）… 1 個
蛋黃（室溫）… 1 個
肉桂粉 … ½ 小匙
肉豆蔻粉 … 1 小撮
丁香粉 … 1 小撮
薑粉 … ½ 小匙
鹽 … 1 小撮

其他
糖粉 … 適量

模 具 Bakeware

20×20×5 公分正方形烤模

前置作業 Preparations

完成蜂蜜核桃製作後開始預熱烤箱：上下溫 180℃。
烤模底部抹上少許奶油，烘焙紙對折鋪入，兩側留寬邊，未鋪烘焙紙的兩側內緣抹油。

製作步驟 Directions

南瓜泥

1 紅栗南瓜洗淨外皮，去瓤切大片，放在鋪好烘焙紙的烤盤上。

2 放進事先預熱好的烤箱中，以上下溫 200℃ 烘焙約 20 ～ 30 分鐘，直到熟軟，能用叉子穿透。A

3 等略微冷卻後，用食物調理機打成南瓜泥，備用。B

酥菠蘿

1 在過篩好的麵粉、泡打粉、肉桂粉、鹽中，加入切成塊的奶油，使用電動攪拌機搭配麵團鉤，低速攪拌，略微成小團塊後加入砂糖與香草糖，繼續低速拌合成散落不規則的碎團塊狀。蓋上保鮮膜，冷藏 30 分鐘，備用。

蜂蜜核桃

1 不沾鍋中陸續加入清水、植物油、蜂蜜後，加熱至沸騰。C

2 倒入切成大顆粒的核桃，加入鹽之花，不斷翻動讓核桃裹上蜂蜜糖漿。D E

3 將核桃倒在鋪好烘焙紙的烤盤上，盡可能鋪平分開，靜置冷卻，備用。F

南瓜慕斯

1 南瓜泥中加入鮮奶油，用打蛋器攪拌均匀。G

2 加入所有的糖拌匀。

3 加入蛋、所有的香料與鹽，拌合均匀就完成。H

TIP：如南瓜泥水分較多，質地較稀，可另加 1 ～ 2 小匙的麵粉或是玉米粉（食譜份量外），調整濃稠均衡度。

組合與兩段式烘焙

1 取 250g 酥菠蘿倒入鋪好烘焙紙的烤模中，用湯匙壓緊壓平。I

2 倒入所有的南瓜慕斯後入爐，進行第一段烘焙：上下溫 180℃，25 分鐘。J

3 將蜂蜜核桃碎與剩下約 60g 的酥菠蘿拌合。K

4 在出爐的南瓜慕斯方塊上撒上蜂蜜核桃酥菠蘿粒，完成後入爐繼續第二段烘焙：上下溫 180℃，20 ～ 25 分鐘。L

烘焙 Baking

| 烤箱位置 | 烤箱下層，網架正中央
| 烘焙溫度 | 180℃／上下溫
| 烘焙時間 | 第一段烘焙 25 分鐘
第二段烘焙 20 ～ 25 分鐘
| 出爐靜置 | 出爐後用小刀沿烤模圈劃開沾黏處，靜置在網架上等略微冷卻固定後，雙手抓住兩側的烘焙紙向上提起就可脫模，並去除烘焙紙。M
* 剛出爐時，南瓜慕斯方塊尚未降溫，其中的南瓜慕斯質軟而易裂。
| 裝 飾 |（可省略） 食用前撒上糖粉作為裝飾。

寶盒筆記 Notes

- 南瓜慕斯方塊以柔潤的南瓜泥混合動物鮮奶油加上香料的慕斯為主，溫熱品嚐或是冷卻後享受，各具特色。建議以裝盒加蓋方式冷藏保存。食用前在室溫中短時間靜置回溫，更能體會慕斯的柔質滑順口感。
- 糕點一如料理，於不同的溫度階段，所擁有的味道與口感並不相同。

  熱，溫熱，冷卻，冰藏，四段溫階就能給予同一個糕點四種滋味。

  出爐不久的南瓜慕斯方塊，有奶油酥香的底層，有香料加持的軟質南瓜慕斯，有裹附著以蜂蜜製成焦糖的核桃酥頂，同時融合酥、柔、脆、鬆，四種迥異口感，似是各自獨立，實則相互呼應。

  冷卻後的南瓜慕斯方塊，經過時間，頂部的蜂蜜核桃酥菠蘿、南瓜慕斯、奶油酥底，同經靜置，同時回潤，口感上的區隔性即使不再明顯，在調和均衡的風味中實能體會層次相融後的另一番觸動。

  溫熱軟質時不容易切得漂亮，冷卻回潤後無法保持酥菠蘿的酥美，魚與熊掌，難求全美。既是家庭烘焙，自然當以家人所好為先，是不是切得漂亮，並不影響好滋好味。若愛溫熱，就溫熱享受；如喜爽口，就冷藏後品嚐。
- 所用辛香料如肉桂、丁香、肉豆蔻、薑，旨為南瓜提味提香，份量雖微，豐富至顯，建議即使不熟悉辛香料的使用也能嘗試。烘焙所用香料以細磨粉末狀為主，易於融於食材，不留異物感，屬隱藏於糕點之中的重要風味元素之一。
- 南瓜慕斯方塊屬薄片蛋糕，以切片方式呈現與分享。薄片類糕點使用較大烤模或烤盤製作，因薄體的特色，受熱面積較大，所需烘焙時間相對較短，製作時可用較高比例的鮮果與內餡來搭配底座的糕點（蛋糕或是甜麵點），對於偏愛各種鮮果與內餡勝於蛋糕與麵包的人來說是個極好的選擇。

no. 17

椰子酥菠蘿

椰蓉果醬酥餅 Coconut Jam Slice with Coconut Streusel

潤在果醬的果子香氣中的椰蓉，
融在椰蓉熱情風味中的果醬，
一起在美美的甜酥塔皮上建起複合滋味的樓閣。

材 料 Ingredients

甜酥塔皮 a

中筋麵粉 … 75g

泡打粉 … ½ 小匙

細砂糖 … 30g

香草糖 … 1 小匙

無鹽奶油（冷藏，切片）… 35g

雞蛋蛋黃（冷藏）… 1 個

冰水 … 1 小匙

酥菠蘿

清水 … 1 大匙

細砂糖 … 40g

香草糖 … 1 小匙

無鹽奶油（室溫）… 50g

椰了絲 … 80g

新鮮檸檬的皮屑 … ½ 個檸檬

其他

果醬 … 3 大匙

糖粉 … 適量

模 具 Bakeware

20×20×5 公分止方形烤模

前置作業 Preparations

烤箱預熱：上下溫 180℃ 。

烤模鋪烘焙紙，兩側留邊以利脫模。

無烘焙紙的兩側抹上薄薄奶油。b

製作步驟 Directions

甜酥塔皮

1 容器中依序加入甜酥塔皮材料，先用指尖搓合成粗砂狀，再連續幾次壓合成塊，麵團質地均勻而緊密。A

TIP：手壓塔皮麵團時若留下明顯痕跡或黏手 B，都表示塔皮麵團的溫度高，質地軟，不利於操作。經過冷藏靜置鬆弛後，塔皮不黏手，易於操作整形，烘焙後也不會過度內縮。

2 蓋上保鮮膜，冰箱冷藏 45 分鐘。

TIP：塔皮冷藏時可開始製作椰子酥菠蘿。

酥菠蘿

1 小鍋中陸續加入清水、細砂糖、香草糖、奶油，以溫火加熱，奶油融化就可離火。C D

2 倒入椰子絲，刨下檸檬皮屑。E

3 拌合均勻，靜置冷卻，備用。F

組合

1 工作檯與塔皮麵團上撒少許手粉（食譜份量外），用擀麵杖將塔皮略微擀開擀平。入模後用湯匙將塔皮壓開壓平。G H

2 均勻抹上果醬。I J

3 撒上椰子酥菠蘿。完成後入爐烘焙。K

烘焙 Baking

| 烤箱位置 | 烤箱下層，網架正中央
| 烘焙溫度 | 180℃／上下溫
| 烘焙時間 | 25 ～ 30 分鐘
*頂部呈現明顯金黃色澤。
| 出爐靜置 | 出爐後先留在網架上約 30 分鐘。用小刀劃開沾黏在烤模內緣的果醬，手拉兩側烘焙紙脫模，待完全冷卻後再切片。L
| 裝飾（可省略）| 完全冷卻後，食用前撒上糖粉作為裝飾。

no. 18

蘋果罌粟籽酥餅

Apple and Poppy Seed Streusel Bars

蘋果以酸甜之美，罌粟籽以豐潤之味，
晉身於微微帶著肉桂香的酥菠蘿之間。
蘋果罌粟籽酥餅滋味溫柔，
雖不放肆，但絕不收斂，因此讓人念念難忘。

材料 Ingredients

酥菠蘿

- 高筋麵粉 ··· 240g
- 泡打粉 ··· 1½ 小匙
- 鹽 ··· 1 小撮
- 肉桂粉 ··· 1 小撮
- 細砂糖 ··· 90g
- 香草糖 ··· 1½ 小匙
- 無鹽奶油（室溫）··· 125g

內餡 a

- 全脂鮮奶（室溫）··· 130g
- 細砂糖 ··· 40g
- 罌粟籽磨成的細粉（原味）··· 90g
- 榛果磨成的細粉 ··· 35g
- 蘋果（切小塊）··· 果肉淨重 110g
- 蘭姆酒葡萄乾 ··· 40g（食譜 p.290）
- 蘭姆酒 ··· 10g

其他

- 糖粉 ··· 適量

模具 Bakeware

20×20×5 公分正方形烤模

前置作業 Preparations

烤箱預熱：上下溫 180℃。
烤模鋪烘焙紙。

製作步驟 Directions

酥菠蘿

1 麵粉、泡打粉、鹽、肉桂粉先混合再過篩後，加入細砂糖、香草糖與奶油，用指尖將所有材料搓合成粗砂狀。

2 蓋上保鮮膜，冰箱冷藏 30 分鐘。

內餡

1 鮮奶中加入細砂糖，加熱至沸騰後離火。加熱過程中需攪拌。

2 準備另一個小鍋，先加入其他內餡材料，再倒入沸騰的鮮奶。A B

3 攪拌均勻後，加蓋靜置至少 60 分鐘，需等內餡完全冷卻後才使用。C
TIP：沒有完全冷卻的內餡會影響酥菠蘿的質地與口感。

組合

1 取約 300g 的酥菠蘿製作酥餅的酥底，鋪入烤模中，用湯匙壓實壓緊。D E

TIP：冷藏備用的酥菠蘿可直接使用，不需回溫。碎酥呈鬆散狀態的酥菠蘿，用湯匙壓實，經烘焙後就能成為完美的酥餅底座。

2 加入全部的蘋果罌粟籽內餡，用湯匙抹勻。F

3 均勻撒上所有剩下的酥菠蘿粒。完成後入爐烘焙。G H

烘焙 Baking

烤箱位置	烤箱下層，網架正中央
烘焙溫度	180℃／上下溫
烘焙時間	40 ～ 45 分鐘 * 整體均勻上色。
出爐靜置	出爐後靜置在網架上約 30 ～ 40 分鐘。等酥餅質地固定後，手抓兩側烘焙紙向上提起脫模，使用蛋糕刀協助撤除烘焙紙。酥餅靜置在網架上直到完全冷卻再裝入餅乾盒。I
裝飾（可省略）	蘋果罌粟籽酥餅完全冷卻後就可撒上糖粉。

A
B
C
D
E
F
G
H
I

寶盒筆記 Notes

- 蘭姆酒葡萄乾製作方法：準備一個乾淨的小玻璃罐，裝入洗淨的葡萄乾 35g 與蘭姆酒 2 大匙，加蓋後搖一搖玻璃罐，讓葡萄乾均勻浸在蘭姆酒中，隔日就可使用。蘭姆酒葡萄乾瀝乾後所留的蘭姆酒，可在烘焙中使用。
- 作為內餡的蘋果與蘭姆酒葡萄乾，都讓酥餅保有讓人喜愛的潤澤度與化口性。底層酥餅佔酥菠蘿總量的五分之三強，足以負荷內餡加上酥菠蘿酥頂的重量不塌陷，並能保持酥菠蘿特質，即使存放三天也不會因為鮮果水分而影響酥餅本身的美味。
- 內餡中所用的堅果，可依個人的喜好，選用杏仁、核桃、榛果等堅果。
- 另增果香層次與提高潤澤度，在入餡前，先在酥底上抹上一層草莓或藍莓果醬，約 150 ～ 200g。
- 蘋果罌粟籽酥餅的質地酥美異常，很難在切片時不落痕跡並保持完整。想讓切片乾淨漂亮，可在切片前先將酥餅冷凍約 15 ～ 30 分鐘，酥餅的完整性會更讓人滿意。
- 蘋果罌粟籽酥餅建議用餅乾盒加蓋保存，室溫保存即可。亦可將未切片的蘋果罌粟籽酥餅經兩層密封包裝後冷凍保存，保鮮期可達三個月。
- 罌粟籽因其特殊風味而廣受喜愛，歐陸各式糕點麵包、餅乾塔派中常見罌粟籽的蹤跡。所有對「老奶奶時代的好味道」著迷的人，尤其對以罌粟籽所製作傳統蛋糕與麵包念念不忘。

  在一片尋舊懷舊的嚮往中，罌粟籽以自然而純粹的風味回歸，重新受到重視的同時，從傳統與經典的老食譜中衍生而出，以罌粟籽為基礎食材的新創糕點，漸成歷久彌新並受喜愛的現代風味體驗。

no. 19

杏仁酥菠蘿
紅柿格雷派 Persimmon Galette with Almond Streusel

自由而不受拘束，無需烤模與攪拌機，
手工就可完成的法式格雷派 Galette，
以派皮包覆水果或蔬菜烘焙後就可享受。
不圓，不完整，破損，缺角……都不影響格雷派獨一無二的美味。

材 料 Ingredients

塔派皮 a

中筋麵粉 … 120g
杏仁磨成的細粉 … 65g
鹽 … 1 小撮
糖粉 … 45g
無鹽奶油（冷藏）… 100g
冰水 … 30 ～ 35g

酥菠蘿

中筋麵粉 … 30g
杏仁磨成的細粉 … 10g
細砂糖 … 15g
無鹽奶油（室溫）… 20g

內餡 b

紅柿子 … 果肉淨重 320g
杏仁磨成的細粉 … 15g
細砂糖 … 30g
玉米粉 … ½ 小匙

其他

全脂鮮奶 … 2 ～ 3 小匙
杏仁片或是粗糖粒 … 適量
糖粉 … 適量

模 具 Bakeware

30×40 公分大烤盤

前置作業 Preparations

烤箱預熱：上下溫 190℃。
烤盤鋪烘焙紙。
紅柿洗淨，去蒂切片，備用。

a

b

製作步驟 Directions

塔派皮

1 先將麵粉、杏仁粉、糖粉、鹽，用打蛋器混合。A

2 加入切片奶油，用指尖將奶油與乾性食材搓成粉團塊，質地不均勻沒關係。B C

3 用小湯匙分多次加入冰水。每次加入 2 小匙略微拌合後再加，重複加冰水與拌合步驟，直到散落的粉團成團即可。從步驟圖中可清楚見到塔派皮麵團的變化，接近完成的麵團，如果用湯匙輕壓會留下聚合的壓痕。D E F

TIP：不同廠牌的麵粉，吃水量各異，加入的水量應依實際所需調整。

4 將麵團包上保鮮膜密封，冰箱冷藏至少 60 分鐘。

酥菠蘿

1 將所有酥菠蘿的食材放入容器中，用手指尖將材料搓合成粗砂狀。不均勻，不規則，或可見到小奶油塊也沒有關係。蓋上保鮮膜，放入冰箱冷藏備用。

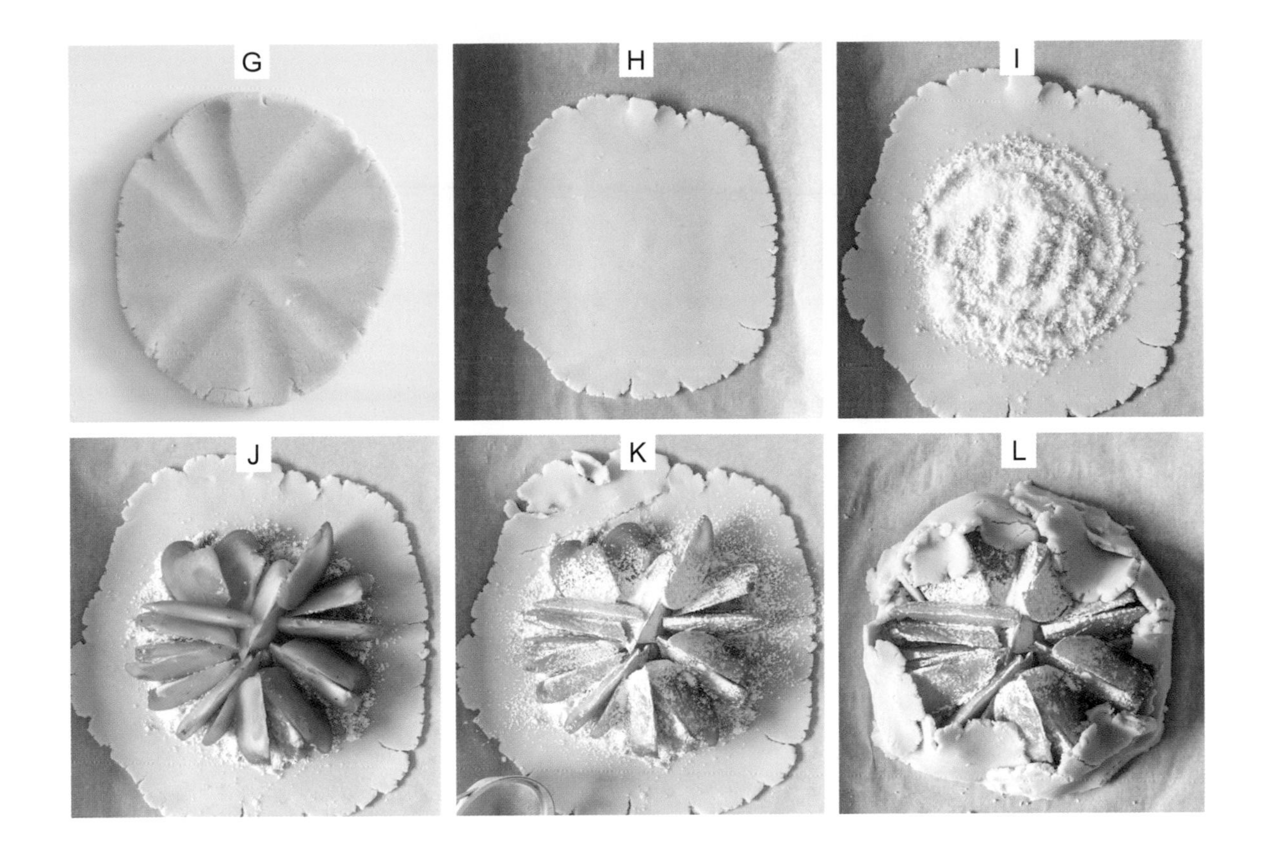

組合

1 工作檯上撒手粉（食譜份量外）。冷藏塔派皮麵團取出後先揉勻再整形成圓餅狀，使用擀麵杖將麵團壓成米字後，開始擀開，每次都從正中央開始往上與往下，將麵團向左或右轉 45 度後，再次重複擀麵動作，直到完成直徑約 32 公分的圓形派皮。G

2 用擀麵杖捲起派皮，放入鋪上烘焙紙的烤盤中央。H

3 派皮中央撒上內餡食材中的杏仁粉與細砂糖。I

4 將切片柿子放在中心。J

5 在切片紅柿上用篩子篩上內餡食材中的玉米粉。K

TIP：已軟熟的紅柿需要撒玉米粉幫助凝結果汁。如紅柿軟熟不足，需另加半個檸檬的檸檬汁，並另增糖量在切片紅柿上。

6 將邊緣的派皮往內折。L

7 在折起處與派皮外緣刷上鮮奶。M

8 蓋上小碟子，撒上冷藏的杏仁酥菠蘿粒。N O

9 撤除小碟子後，可用刮板將散落的酥菠蘿粒集中。P

10 最後撒上杏仁片或是粗糖粒 Q。完成後入爐烘焙。

烘焙 Baking

烤箱位置	烤箱中層，網架正中央
烘焙溫度	190℃／上下溫
烘焙時間	25 ～ 30 分鐘 *觀察上色程度。因派皮較薄加上邊緣刷鮮奶、撒酥菠蘿的緣故，上色較快也較明顯。
出爐靜置	出爐後連烤盤在網架上靜置約 15 分鐘，撤除烤盤後將格雷派繼續留在網架上直到冷卻。R
裝飾（可省略）	冷卻後，食用前撒上糖粉作為裝飾。

no. 20

胡桃酥菠蘿
巧克力花生乳酪塔 Chocolate & Peanut Butter Tart with Pecan Streusel

巧克力的領域裡，暗藏著乳酪的溫順與花生的悸動，
加上無法忽略的胡桃塔底與頂層酥菠蘿的雙重誘惑，成為充滿盼望的甜蜜據點。

材 料 Ingredients

塔皮與酥菠蘿 [a]

- 中筋麵粉 … 120g
- 鹽 … 1 小撮
- 淺色紅糖 … 60g
- 胡桃磨成的細粉 … 35g
- 無鹽奶油（室溫，切塊）… 75g
- 烘焙用可可粉（塔皮用）… 2 小匙

內餡 [b]

- 苦甜巧克力（切碎）… 60g
- 動物鮮奶油（室溫）… 135g
- 花生醬或是杏仁醬 … 40g
- 淺色紅糖 … 30g
- 全脂奶油乳酪（室溫）… 100g
- 雞蛋蛋汁（室溫）… 60g

其他

- 糖粉 … 適量

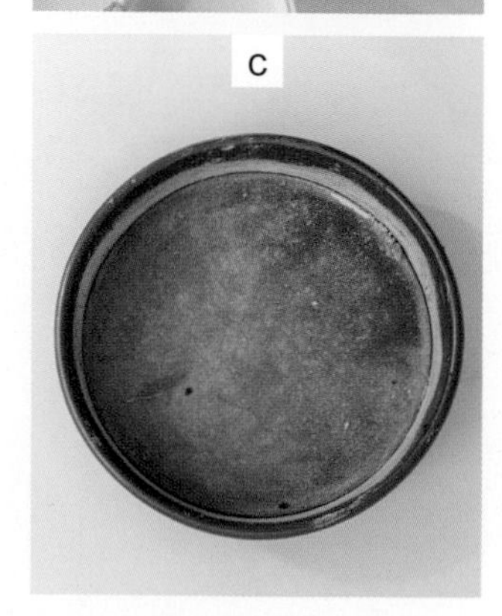

模 具 Bakeware

直徑 18 公分，高度 4 公分的分離式圓形高塔模

前置作業 Preparations

烤箱預熱：上下溫 180℃ 。
分離式塔模抹油撒粉。[c]

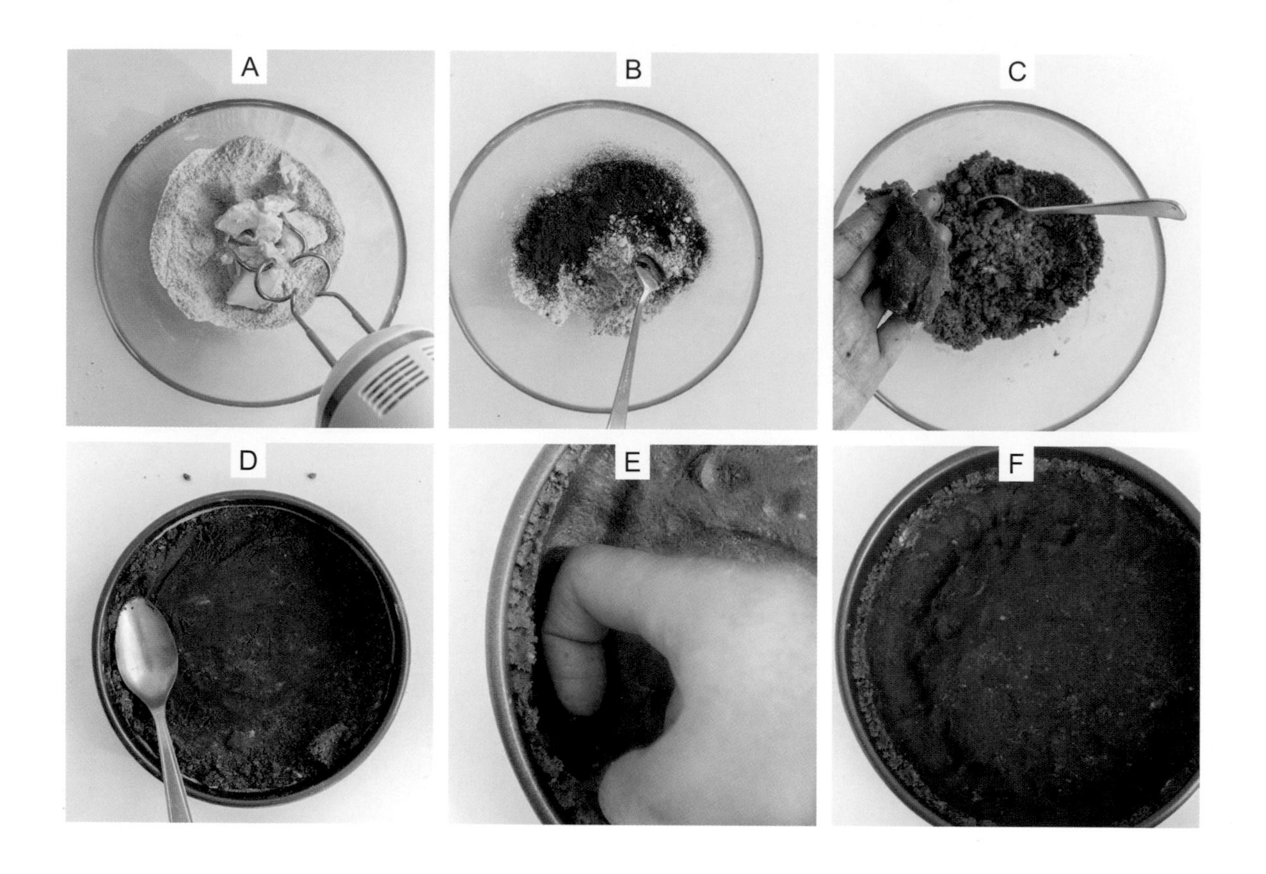

製作步驟 Directions

塔皮與酥菠蘿

1 麵粉、鹽、紅糖、胡桃粉先混合後，加入切成塊的奶油，使用電動攪拌機搭配麵團鉤，以最低速攪拌成散落且不規則的酥菠蘿碎粒即可。A

2 完成的酥菠蘿總重約 285 ～ 290g，先從中取出約 110g，留作酥菠蘿酥頂之用，蓋上保鮮膜，放入冰箱冷藏備用。

3 製作可可酥菠蘿塔皮：在剩下約 180g 的酥菠蘿麵團中篩入可可粉，用湯匙或叉子手動拌合 B。完成的麵團呈散落質地。

TIP：可可粉容易受潮而結塊，使用前應過篩。

TIP：麵團測試方式：手抓起部分麵團，輕輕握掌，麵團成團。C

4 將可可酥菠蘿塔皮倒入烤模中，先用湯匙壓實壓平。D

TIP：呈鬆散狀態的可可酥菠蘿，經過壓實就會成塔盒狀。

5 再用手指節將塔皮推開圍邊，烤模邊上的塔皮應緊貼烤模，完成塔皮製作，冷藏備用。E F

內餡

1 巧克力隔水融化，備用。

2 將動物鮮奶油打發至表面有紋路，軟質略乾程度，無流動感。備用。G

3 在另一個容器中先將紅糖與花生醬攪拌至均勻，再加入融化的巧克力、奶油乳酪，一起拌合成均勻的乳酪霜。H I

4 加入雞蛋蛋汁，低速攪拌均勻即可，無需打發。J

5 輕輕拌入打發的鮮奶油，手動拌合，內餡製作完成。K L

組合

1 內餡入塔後用湯匙抹平。M

2 在頂部撒上酥菠蘿。冷藏後的酥菠蘿粒如果顆粒太大，用手搓碎即可。完成後入爐烘焙。N O

烘焙 Baking

烤箱位置	烤箱下層，網架正中央
烘焙溫度	180℃／上下溫
烘焙時間	35 ～ 40 分鐘 *頂部的酥菠蘿均勻並明顯上色。烘焙後段內餡會膨起，但不會裂開，出爐冷卻時中央內餡成凹陷外型。
出爐靜置	出爐後需留在網架上完全冷卻，再放入冰箱冷藏定型。剛出爐的乳酪塔內餡是軟質的，還未固定，避免過度晃動。脫模前用小刀小心沿著塔模圈劃一圈後，再脫模。P
裝 飾（可省略）	冰鎮後乳酪塔中心蓋上裁成圓形的烘焙紙，再撒上糖粉作為裝飾。Q

寶盒筆記 Notes

- 「胡桃酥菠蘿 巧克力花生乳酪塔」應以冷藏方式保存。未能食用完畢的乳酪塔需放置在有蓋的蛋糕盒中，才不會吸收冰箱中的氣味或造成乳酪塔乾燥。喜歡較滋潤的口感，可於食用前在室內回溫約 15 分鐘。
- 底部與頂部的胡桃酥菠蘿經過冷藏熟成而有純粹的自然香氣，與巧克力花生乳酪內餡合成一體，化口感極佳，不致於脆硬。
- 磨成細粉的胡桃可以用其他堅果等量取代。若想更增胡桃的香氣，可先在無油乾鍋中炒出香氣，冷卻後再使用。
- 巧克力花生乳酪內餡總計 425g，如所用塔模高度不足 4 公分，加上塔皮與酥菠蘿頂高度，烘焙時恐有內餡外溢的可能。
- 完成的生酥菠蘿粒或是塔皮，建議加蓋後冷藏保存，可保持塔皮與酥菠蘿的質地與好風味。糕點類的成品與半成品都非常容易吸收環境中的氣味，加蓋與包保鮮膜的動作是必要的，除了隔絕氣味外，也可防止因冰箱冷藏而散失水分，讓糕點質地變得乾燥。
- 乳酪內餡完成時如酥菠蘿質地仍過軟或是表面出油，表示製作時所用奶油的溫度過高，或是操作過度所造成麵團升溫，應延長酥菠蘿冷藏時間直到達到理想質地。其間可先將內餡加蓋後冷藏保存。
- 切片時，熱刀擦乾再切，每次用刀都重複熱刀與清潔動作，就能將乳酪塔切得工整且漂亮。

no. 21

酥烤開心果抹茶酥菠蘿

開心果塔 Pistachio Tart with Pistachio and Matcha Streusel

一抹茶中綠，一縷堅果香。
一段葉所仰望的風月，一園樹所熟讀的春秋。
一一說盡，依依如舊。

材料 Ingredients

塔皮

中筋麵粉 … 60g

杏仁磨成的細粉 … 15g

糖粉 … 30g

海鹽 … 1 小撮

無鹽奶油（冷藏，切塊）… 30g

雞蛋蛋汁 … 15g

酥菠蘿

開心果（原味果仁）… 25g

中筋麵粉 … 25g

海鹽 … 1 小撮

日式烘焙用抹茶粉 … 2g

糖粉 … 20g

無鹽奶油（冷藏，切塊）… 20g

內餡 a

開心果（原味果仁）… 30g

無鹽奶油（室溫，切塊）… 30g

糖粉 … 30g

雞蛋蛋汁（室溫）… 30g

動物鮮奶油 35%（室溫）… 15g

中筋麵粉 … 1¼ 小匙

海鹽或鹽之花 … 1 小撮

其他

開心果粒 … 適量

乾燥覆盆子 … 適量

糖粉 … 適量

模具 Bakeware

直徑 15 公分，高度 2 公分的圓形法式塔圈

a

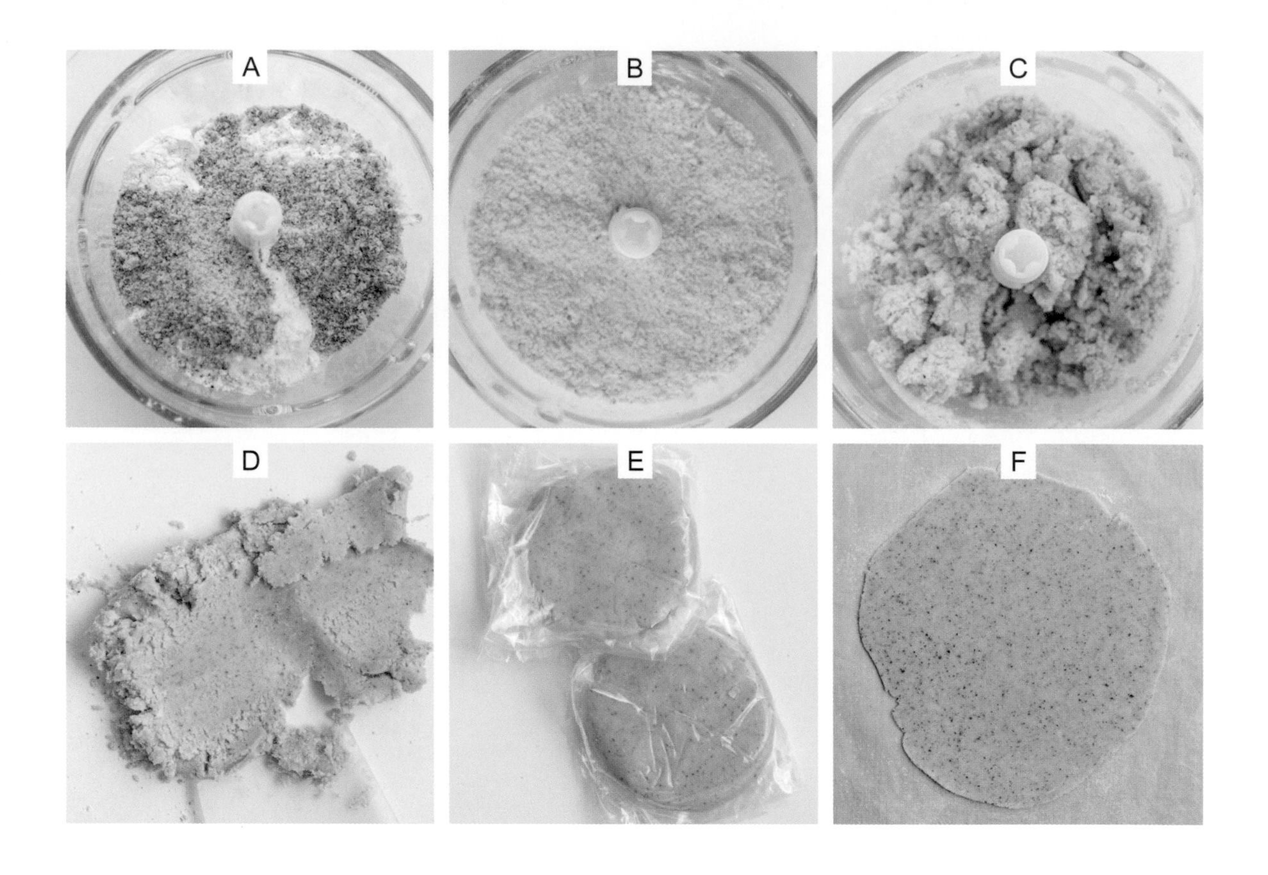

製作步驟 Directions

塔皮 ▼示範食物調理機 + 刀片配件。塔皮材料總重 150g，份量極小，也可手動操作完成。

1 麵粉過篩後使用。將過篩麵粉、杏仁粉、糖粉、鹽用食物調理機混合均勻。A

2 加入冷藏溫度奶油塊，使用中低速，間隔 5 秒，重複以「啟動—停機—再啟動—再停機」方式操作，成粗砂狀就停機。B

3 加入雞蛋後，一樣以中低速，重複「啟動—停機—再啟動—再停機」，直到明顯看到大顆粒的散落團塊。C

4 將散落的麵團倒在工作檯上，用掌心後壓推 2 次讓塔皮質地均勻就完成。D

5 分割後整形成圓，包入保鮮膜冷藏鬆弛至少 60 分鐘，隔夜更好，備用。E

6 用擀麵杖將冷藏鬆弛完成的塔皮麵團壓出米字後開始擀開。擀法均為以中央為起點，往上與往下擀，轉 90 度後重複擀平動作直到完成。F

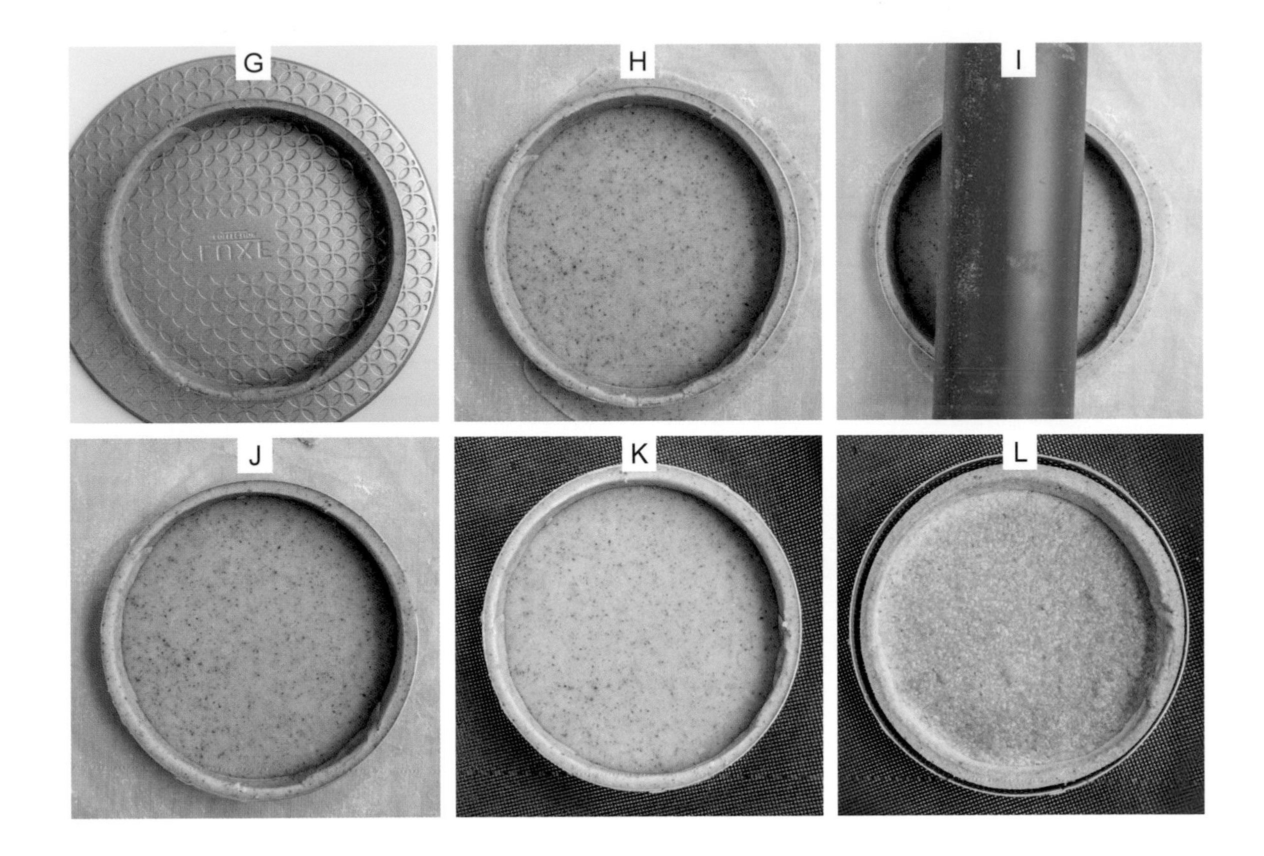

7 用刀切出 2 公分寬的長條 2 條，入模為塔圈圍邊。G

TIP：麵團升溫而偏軟時會增加操作的難度，可再次冷藏靜置。

8 剩下的麵團再用同樣方式擀開，將已經圍好邊的塔圈放在塔皮上，壓上擀麵杖完成塔底。H I

9 移除多餘的塔皮（可用於修整塔皮過薄與接縫處），底部墊硬質的烤盤，加蓋保鮮膜後，再次放入冰箱冷藏鬆弛約 60 分鐘。J

10 烤箱預熱至 160℃。冷藏鬆弛後的塔皮連同塔模放在墊著洞洞矽膠墊的烤盤上，無需回溫，也不用重石，直接入爐烘焙。K

TIP：如果不是使用洞洞矽膠墊，應在塔皮上叉出通氣孔。

塔皮烘焙

烤箱位置	烤箱下層，網架正中央
烘焙溫度&時間	第一段：上下溫 160℃，20 分鐘 第二段：上下溫 180℃，5 分鐘
出爐靜置	將塔皮烘焙至均勻上色並達全熟程度就可出爐，靜置在網架上，降溫後塔皮會略微內縮就可去除塔圈。需等塔皮完全冷卻才可填餡組合。L

* 剛出爐的塔盒軟而易碎，質地不穩定，移動時需小心。

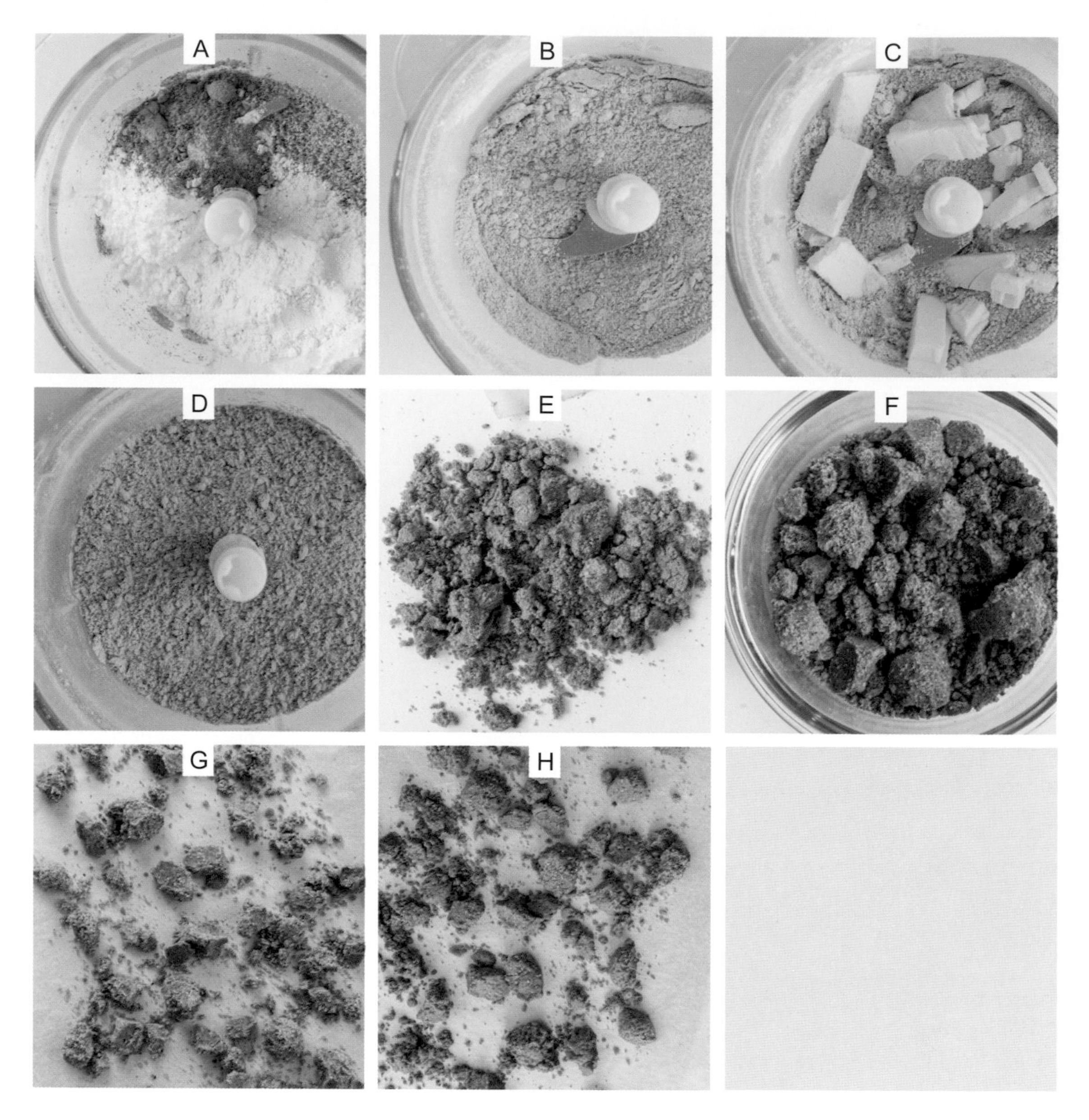

酥菠蘿 ▼示範食物調理機 + 刀片配件。酥菠蘿材料總重約 90g，份量極小，也可手動操作完成。

1 使用食物調理機加刀片配件，將開心果打成細粉狀後，加入奶油之外的所有其他材料，低速攪拌均勻即可。A B

2 加入奶油，使用中低速，間隔 5 秒，重複「啟動—停機—再啟動—再停機」，直到成粗砂狀。C D

3 將酥菠蘿倒在工作檯，以刮板連續翻壓成散落粗粒。包上保鮮膜，冷藏 30 分鐘。E

4 冷藏後的酥菠蘿先用手壓合成粗粒團塊，倒入鋪好烘焙紙的烤盤上並鋪開。完成後入爐烘焙：上下溫 170℃，約 12 ～ 15 分鐘（視酥菠蘿大小調整時間）。F G

5 出爐後將烘焙紙連酥菠蘿一起，移至網架上冷卻，以免烤盤的餘溫繼續加熱。H

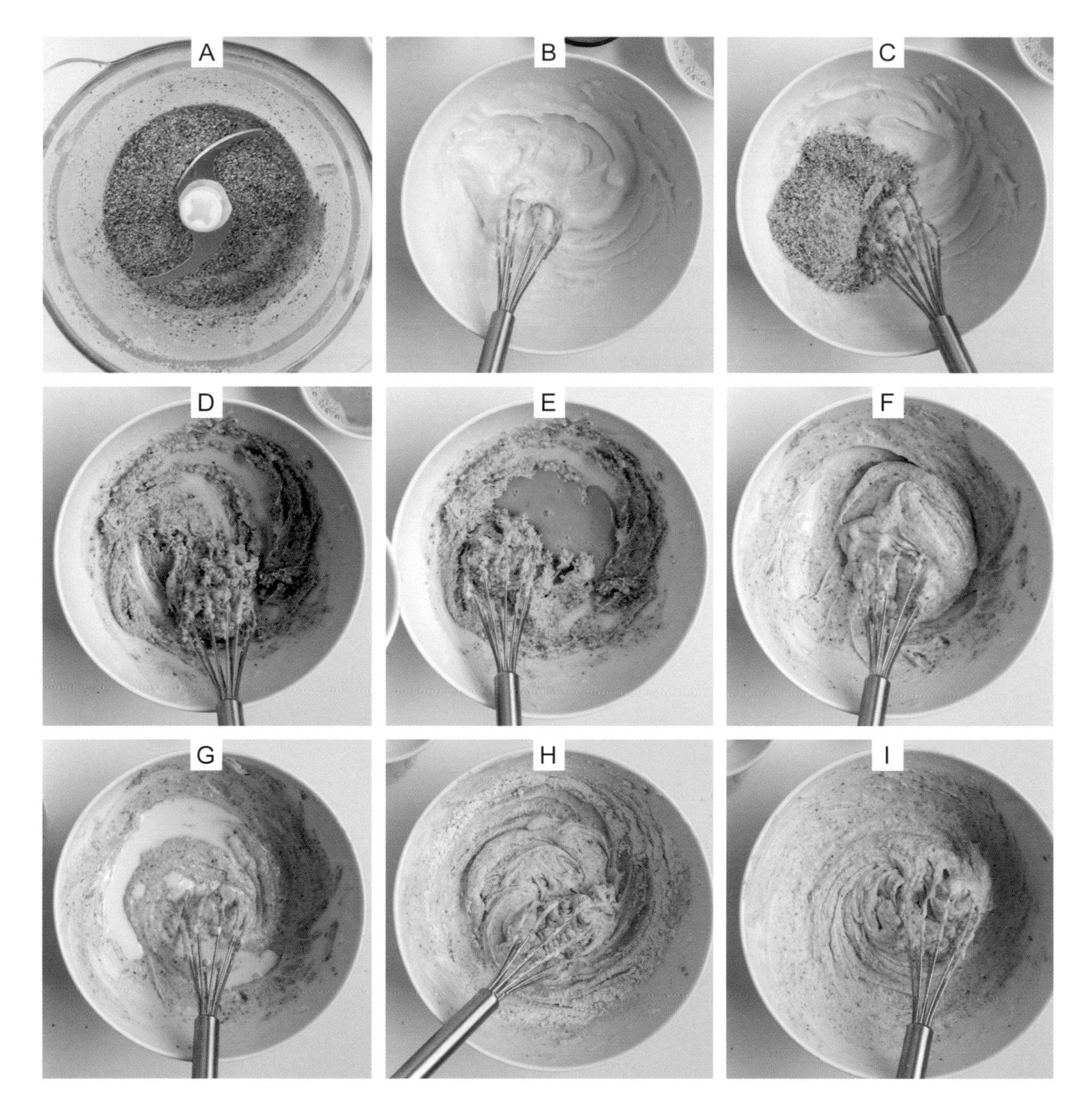

內餡

▼開心果內餡總重約 150g，可輕鬆採手動方式完成。

1 使用電動攪拌機加刀片配件，將開心果打成細粉狀，備用。A

2 將奶油與糖粉手動攪拌成奶油霜。B

3 加入開心果細粉拌合均勻。C D

4 加入雞蛋後，需稍微快速畫圈攪拌，成滑順質地。E F

TIP：奶油霜完成後先加開心果粉而非雞蛋，可避免奶油與雞蛋油水分離。開心果粉屬堅果，沒有麩質也不會產生筋性，加入雞蛋後即使快速攪拌不致於導致出筋現象。

5 拌入鮮奶油，並加入麵粉與鹽拌合均勻即可。G H I

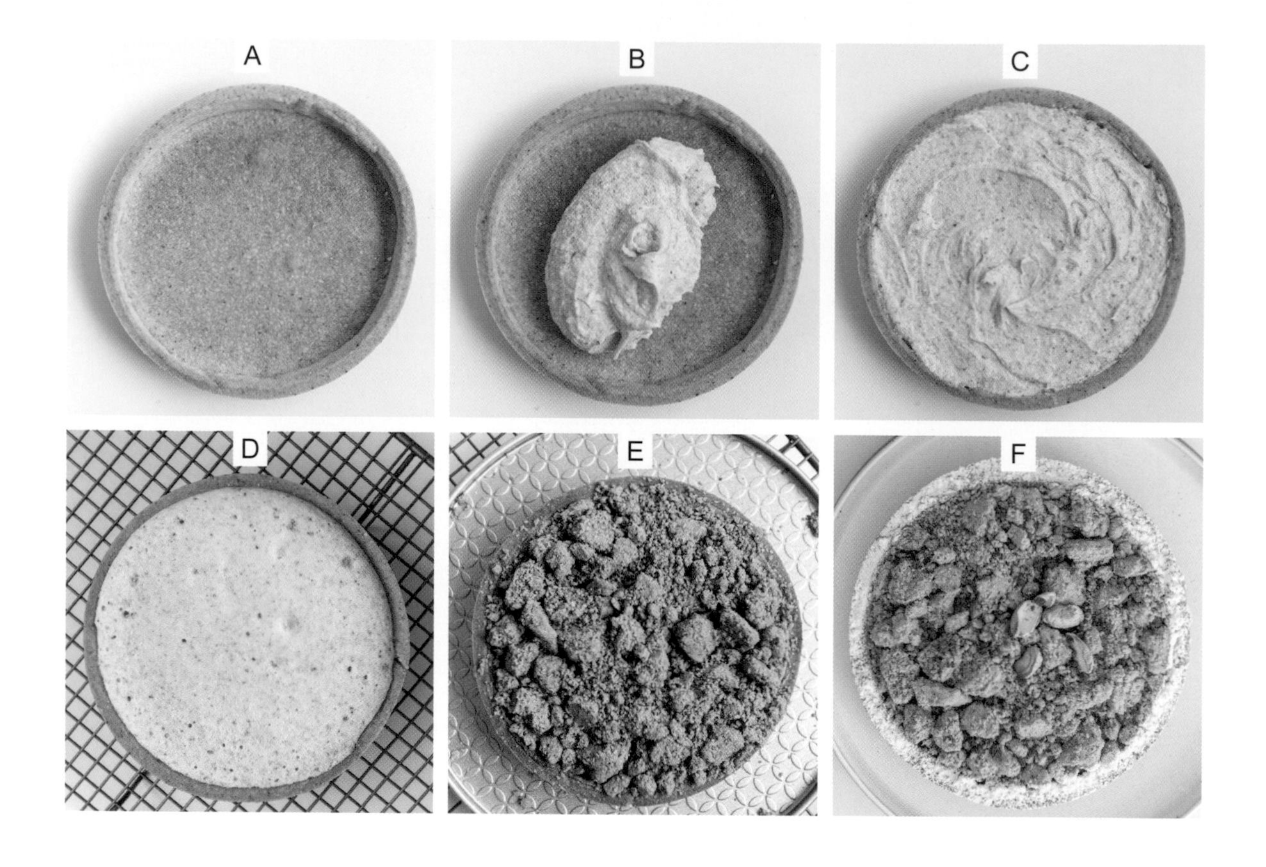

組合

▼烤箱提前預熱：上下溫 170℃。

1 將開心果內餡填入塔盒，用湯匙抹平。放入烤盤，入爐烘焙：位置於烤箱中層，網架中央，以上下溫 170℃烘焙 15 分鐘。A B C

2 出爐後靜置在網架上，略微冷卻時撒上烤好的開心果抹茶酥菠蘿粒，可稍微壓一下幫助酥菠蘿固定在開心果奶油霜中。D E

3 完全冷卻後在外緣撒上糖粉，中央放上開心果粒與捏碎的覆盆子碎裝飾，完成。F

寶盒筆記 Notes

- 「酥烤開心果抹茶酥菠蘿 開心果塔」常溫加蓋保存即可，保鮮時間為一週。
- 標準法國的甜塔高度只有 2 公分，塔盒本身的厚度外，塔中有塗層，有以奶油或是乳製品完成的軟質內餡，以及其他如鮮果等固形物餡料，因此以酥菠蘿作為甜塔頂部的風味層時，酥菠蘿需先經烘焙至熟，待降溫後再使用。
- 為了保持酥菠蘿的質地與外形，食譜設計上所使用的奶油比例較低。因其中有開心果打成的堅果粉，加上沒有其他濕性材料的緣故，酥菠蘿的黏結力差，感覺很乾燥難成團，只需在工作檯上將酥菠蘿麵團連續翻壓後並放入冰箱冷藏，就能達到理想的狀態。
- 完成酥菠蘿麵團時不必急著整形，只需在烘焙前將酥菠蘿粒調整成自己所需要的大小就可以。
- 先經酥烤過的酥菠蘿有幾個好處：

  1 烤至酥體的酥菠蘿比較輕，不會壓壞內餡。

  2 烤熟再放上頂層，不會沉入內餡。

  3 單獨酥烤的時間較短，容易烤透也不會因高溫影響色澤。

  4 酥烤方式完成的酥菠蘿比同時入爐烘焙的酥菠蘿，可保持較長時間的乾酥香口感。
- 製作開心果內餡確實拌勻就可，無需打發，除了加入雞蛋時要與奶油霜確實融合之外，打發的開心果內餡會在烘焙中因打入其中的空氣而膨起，出爐降溫後塌陷成中央下凹的外型。
- 塔的尺寸無論大小，以工序而言，並無二致。

no. 22

榛果肉桂酥菠蘿
林茲蘋果塔 Linzer Apple Tart with Hazelnut and Cinnamon Streusel

味道中的想念，想念中的味道。
收藏季節裡的蘋果與莓果風景，收藏鮮果中的日月滋養。

材 料 Ingredients

塔皮 a

中筋麵粉 … 160g
肉桂粉 … 1 小匙
鹽 … 1 小撮
細砂糖 … 60g
無鹽奶油（室溫）… 120g
榛果磨成的細粉 … 80g

蘋果內餡 b

蘋果（切小塊）… 果肉淨重 250g
紅醋栗果醬 … 120g
榛果磨成的細粉 … 50g
玉米粉 … 2 小匙

酥菠蘿

保留的塔皮 … 約 30g
中筋麵粉 … 20g
肉桂粉 … 1 小撮
榛果碎 … 10g

其他

糖粉 … 適量
冷開水 … 適量

模 具 Bakeware

直徑 18 公分圓形分離式烤模

前置作業 Preparations

烤箱預熱：第一次上下溫 180℃（製作塔皮之前）。第二次上下溫 170℃（組合蘋果塔之前）。
烤模底層鋪烘焙紙，烤模內圈抹上奶油。

製作步驟 Directions

塔皮

1 乾性材料先混合過篩，再把所有食材加入攪拌鋼盒中。A

2 使用電動攪拌機搭配麵團鉤，以低速攪拌成粉團塊後，轉中速拌合成團即可。B

3 在工作檯上將麵團幾次翻壓後，成為質地均勻的塔皮麵團。
TIP：完成時若手輕壓麵團會留痕，表示麵團溫度過高。

4 分割麵團成大小兩包：大包約 300g 作為塔底與塔邊；剩下 120g 成小包，留作塔頂製作之用。麵團包上保鮮膜，冷藏 60 分鐘。

5 工作檯上撒上微量手粉（食譜份量外），從大包塔皮取五分之三份量，用擀麵杖將塔皮擀成直徑約 18 公分的圓餅狀，放入鋪好烘焙紙的烤模後，讓塔皮確實緊貼烤模底部。C D

6 塔皮進烤箱，置於中層網架，以上下溫 180℃烘焙 12 ～ 15 分鐘。塔皮烤至半熟，略微上色就可出爐，靜置在網架上冷卻。E

蘋果內餡

1 將切塊蘋果、紅醋栗果醬、榛果細粉與玉米粉混合均勻，備用。F G

製作提醒 Point

塔皮麵團完成時，若手輕壓麵團會留下明顯痕跡，表示麵團溫度過高，質地軟，不利於操作。此時可先放入冰箱冷藏，經過冷藏靜置鬆弛後，塔皮不黏手，易於操作整形，烘焙後也不會過度內縮。

A
B
C
D
E
F
G

組合與酥菠蘿

1 用擀麵杖將大包剩下的塔皮麵團擀成寬度約 5 公分的長帶狀，沿著烤模圍邊，用湯匙適度輕壓讓塔皮緊貼烤模圈與塔底。剩下約 30g 塔皮留作酥菠蘿製作用。H

2 填入蘋果內餡，用湯匙抹平表面。I
TIP：烘焙的塔底應完全冷卻才可填餡。

3 取小包 120g 的塔皮麵團擀平，切長條形或方塊覆蓋在蘋果內餡上方，不需壓入內餡。也可將塔皮擀成圓形直接覆蓋在蘋果內餡上，細節請見筆記。J K
TIP：覆蓋不完整處留作通氣孔。

4 製作榛果肉桂酥菠蘿：在剩下的 30g 塔皮中加入麵粉、肉桂粉、榛果碎，手搓成粗砂礫狀即可。

5 將酥菠蘿均勻撒在蘋果塔的頂部。完成後入爐烘焙。L

烘焙 Baking

烤箱位置	烤箱下層，網架正中央
烘焙溫度	170℃／上下溫
烘焙時間	40 分鐘 *塔皮材料中的肉桂粉與榛果粉，烘焙時較易上色。
出爐靜置	出爐的蛋糕先留在網架上約 30 分鐘，用小刀小心沿著烤模圈劃一圈後，等完全冷卻時再脫模。
裝飾（可省略）	蛋糕冷卻後，食用前，糖粉與少量冷開水混勻成濃稠糖霜，使用小湯匙沿著蛋糕外緣淋下成裝飾。M

寶盒筆記 Notes

- 林茲蘋果塔雖名之為塔，但其中的蘋果內餡有一定的高度，不適用於一般的經典法式塔模。示範使用的是分離式蛋糕模，烤模高度 5 公分。也可以使用高度 4 公分的鹹派模製作。
- 塔皮底部先經過烘焙至半熟狀態，再填入蘋果內餡後，塔皮比較不容易因吸收內餡中的水分而浸潤，可維持塔皮的口感，也能減短烘焙時間。
- 因圍邊的塔皮較高，烘焙後，會自然呈現外圍高中央凹陷的外觀。
- 在蘋果內餡上的塔皮頂蓋不需要密合，因內餡在烘焙中會沸騰，留下適當的通氣孔，才能保持林茲蘋果塔的完整。也可將擀開的完整塔皮直接覆蓋作為頂蓋，記得要沿邊捏合接口處，並在頂端用刀劃通氣孔。
- 在蘋果內餡中加一點磨成粉的堅果、餅乾屑、麵包粉，或是用隔日的吐司烤乾後壓碎末……等，都能幫助吸收蘋果內餡所釋放的水分，讓蘋果塔維持較長時間的好口感。
- 榛果肉桂酥菠蘿能增加整體的風味層次，在烘焙當日可以品嚐到酥菠蘿的酥，隔日吸收內餡的水分變軟後，則更添蘋果與果醬香氣，是另一種風味享受。
- 所有以鮮果製作的蛋糕與點心應以「新鮮製作，新鮮享受」為原則。不利於久放。
- 季節水果的選用，除了蘋果，也可用西洋梨替代製作。

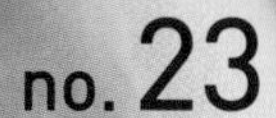

no. 23

酥烤榛果酥菠蘿
煙燻海鹽焦糖甘納許塔

Salted Caramel Chocolate Ganache Tart with Hazelnut Streusel

煙燻海鹽的迷離木質香氣在焦糖中盡情撩撥，
黑苦頂級巧克力於甘納許中執意回甘，
隱身於可可塔盒與酥菠蘿間的榛果若遠似近，
以滋以味為焦糖與巧克力層層提香。

材料 Ingredients

塔皮

中筋麵粉 … 55g

烘焙可可粉 … 8g

榛果磨成的細粉 … 10g

馬爾頓煙燻海鹽 … 1 小撮

糖粉 … 30g

無鹽奶油（冷藏，切塊）… 35g

雞蛋蛋汁（室溫）… 10g

酥菠蘿 a

中筋麵粉 … 45g

榛果磨成的細粉 … 45g

烘焙可可粉 … 10g

煙燻海鹽或是鹽之花 … 1 小撮

細砂糖 … 45g

無鹽奶油（冷藏，切塊）… 35g

海鹽焦糖醬 b

細砂糖 … 145g

無鹽奶油（室溫，切塊）… 65g

動物鮮奶油 35%（室溫）… 80g

煙燻海鹽或是鹽之花 … ¼ ～ ½ 小匙

香草精 … ½ 小匙

甘納許巧克力醬

苦味調溫巧克力（60% ～ 75% 可可脂，切碎）… 150g

動物鮮奶油 35% … 150g

其他

煙燻海鹽或是鹽之花 … 1 小撮

模具 Bakeware

直徑 18 公分，高度 4 公分的分離式圓形高塔模

製作步驟 Directions

塔皮

- 塔皮所有材料約重 150g，份量極小，手動完成。
- 塔皮烘烤前將烤箱預熱：上下溫 160℃。

1 麵粉中加入可可粉，過篩後使用。

2 加入除雞蛋之外的所有食材，先用指尖搓成細砂狀，再加入雞蛋，用刮板切拌與翻壓成團。

3 在工作檯上將塔皮麵團用掌心後壓推 2 次讓塔皮均勻後，整形成圓餅狀，包入保鮮膜冷藏鬆弛至少 60 分鐘，可隔夜，備用。

TIP：塔皮經過靜置鬆弛與冷藏，較容易整形，並可避免烘焙時過度內縮。

4 完成冷藏靜置的塔皮先用手略微揉勻後整形成圓，放在兩片矽膠墊間，用擀麵杖將麵團壓出米字後再開始擀開。擀法均為以中央為起點，往上與往下擀，轉 90 度後重複擀平動作，直到完成直徑約 24 ～ 26 公分的塔皮。A

5 將塔皮用擀麵杖捲起後入塔模。B

6 用手指輕壓讓塔皮緊貼塔模底部與塔圈，用小刀修除多餘的塔皮 C，用小湯匙再次壓實壓平整 D，完成的塔皮高度約為 2.5 ～ 3.0 公分。用保鮮膜密封，放入冰箱冷藏鬆弛 60 分鐘，可隔夜。

TIP：多餘塔皮可用於修整塔皮過薄之處。

7 在鬆弛後的塔皮上用叉子叉出通氣口 E，完成後入爐烘焙。

TIP：冷藏鬆弛後的塔皮直接烘焙，無需回溫。鬆弛到位與烤模入爐的塔皮連模一起放在鋪著洞洞矽膠墊的烤盤上，不必使用重石。

塔皮烘焙

烤箱位置	烤箱下層，網架正中央
烘焙溫度＆時間	第一段：上下溫 160℃，20 分鐘 第二段：上下溫 180℃，5 ～ 10 分鐘
出爐靜置	出爐前可聞到明顯香氣，確定塔皮烘焙至全熟、中央無濕軟質地就可出爐。靜置在網架上，降溫後塔皮會略微內縮即可脫模。需等塔皮完全冷卻才可進入填餡組合步驟。F G * 剛出爐的塔盒軟而易碎，質地不穩定。

A
B
C
D
E
F
G

酥菠蘿 ▼請參閱「食物調理機製作酥菠蘿」分解步驟圖，p.050 ～ 052。

1 食物調理機中依序放入：麵粉、榛果粉、可可粉、鹽，中低速操作讓食材混合均勻。A

2 加入砂糖與奶油，間隔 5 秒，重複以「啟動—停機—再啟動—再停機」方式操作，直到所有材料成酥菠蘿粒狀。質地會從細粉到散砂塊。完成後加蓋冷藏 30 分鐘。B C D

TIP：作為頂部裝飾並經過酥烤完成後才使用的酥菠蘿，奶油比例較低，整體濕度較低，質地偏乾燥，較難成團是正常的，成散砂狀就可。

3 冷藏後的酥菠蘿先用手壓合讓酥菠蘿成粗粒團塊，攤開在鋪好烘焙紙的烤盤上。完成後入爐烘焙，以上下溫 170℃，烘烤約 12 ～ 15 分鐘（視酥菠蘿大小調整時間）。E F

4 出爐後靜置至完全冷卻，留約 20g 裝飾備用，其他可裝罐。

海鹽焦糖醬

▼ 請參閱「海鹽焦糖醬」完整分解步驟圖，p.292。

1 將所有的糖均勻平鋪在厚底鍋內，以中小火加熱讓糖融化成焦糖。糖融化約六成前不要動鍋子，之後可晃動鍋子讓焦糖流動覆蓋尚未融化的糖粒。糖融化約八成時不斷晃動鍋子，可用沾水的矽膠刷將沾黏在鍋壁上的糖刷入焦糖中。焦糖的色澤與滋味會因加熱的火力與時間而變濃變深，甚至變得焦苦。當糖全部融化，焦糖達到理想的色澤時，需立刻離火並熄火。離火後不再加熱。A

2 立即加入切塊奶油，打蛋器手動拌合。焦糖色澤轉為淺而透明。B

3 少量並慢慢倒入室溫溫度的動物鮮奶油 C。邊倒邊用打蛋器畫圈拌勻 D。

TIP：動物鮮奶油應為室溫溫度，倒入時速度要慢，不可一次倒入，以免焦糖噴濺造成危險。

4 最後拌入海鹽與香草精即完成。裝瓶加蓋，室溫保存，備用。E F

甘納許巧克力醬

1 將巧克力切碎，放入耐高溫容器中，備用。A

2 動物鮮奶油用厚底鍋加熱至沸騰，慢慢沖入碎巧克力中。B

3 靜置約 1 分鐘，給鮮奶油時間融化碎巧克力。C

4 用矽膠棒畫圈攪拌直到成為質地滑順有光澤的甘納許巧克力醬，備用。D E F

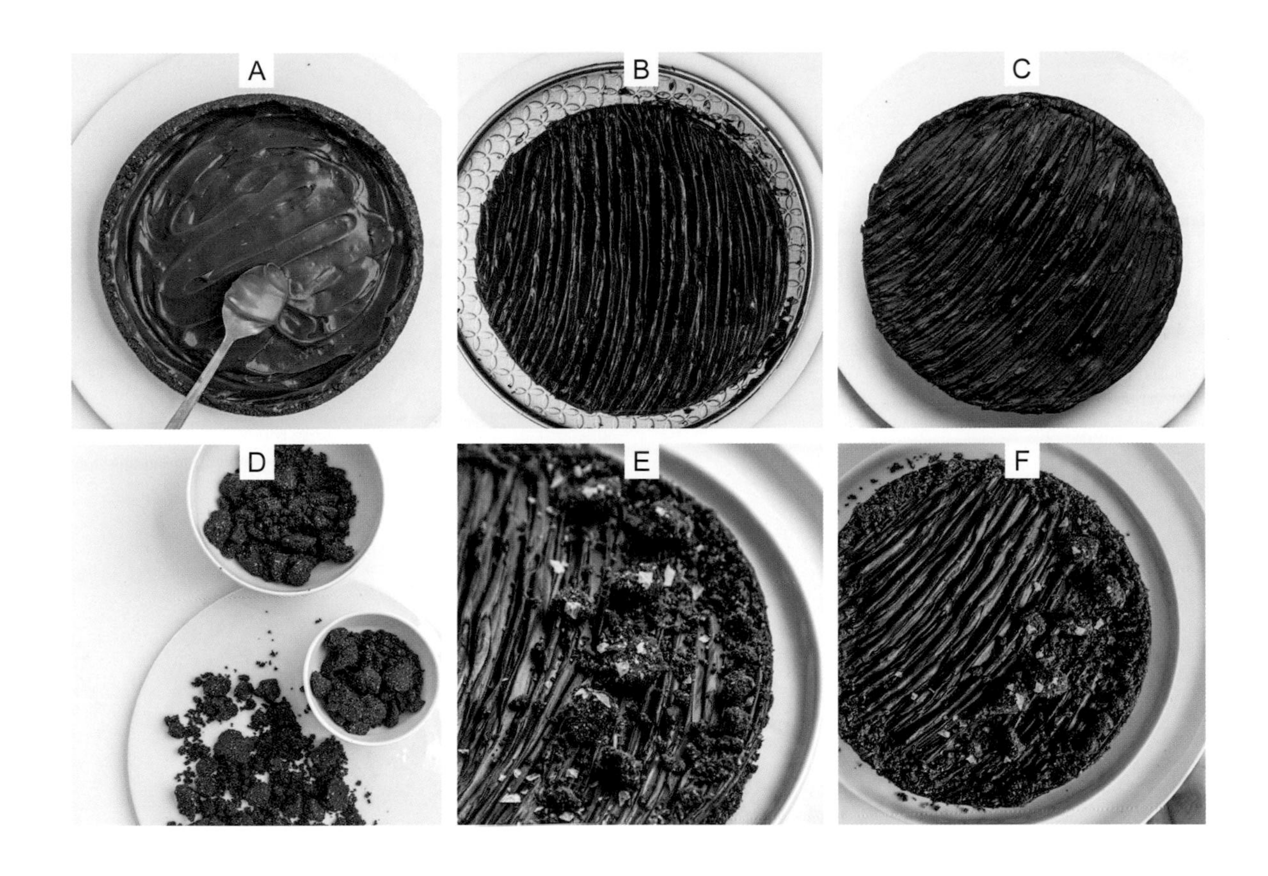

組合 ▾ 準備好以下成品：巧克力塔盒 1 個、海鹽焦糖醬（室溫）60g、甘納許巧克力醬（溫熱）300g、酥烤榛果酥菠蘿 20g、煙燻海鹽或是鹽之花 1 小撮。

1 將海鹽焦糖醬填入塔盒，用湯匙抹平。完成後冷凍直到焦糖固定。A

2 在焦糖層上倒入甘納許巧克力醬，用抹刀抹平。取部分甘納許用抹刀抹在塔皮外緣。待甘納許冷卻固化後再用小叉子在表面拉出花紋，完成後冷凍 60 分鐘定型。B

3 冷凍定型完成後，裝飾前的甘納許塔。C

4 挑出顆粒較大的榛果酥菠蘿粒，放在甘納許塔的頂部 D。細碎的酥菠蘿裝飾外緣，最後撒上少許煙燻海鹽，完成。E F

寶盒筆記 Notes

- 「酥烤榛果酥菠蘿 煙燻海鹽焦糖甘納許塔」以冷藏保存，保鮮時間為一週。食用前在室溫中回溫，因其中甘納許巧克力醬的緣故，在室溫留置超過 20 分鐘就會開始軟化。
- 食譜中只有塔皮與酥菠蘿需用到烤箱。海鹽焦糖醬與甘納許巧克力醬以熬煮方式完成。
- 榛果酥菠蘿，依食譜可完成 145g，所需用量 20g。海鹽焦糖醬，依食譜可完成 280g，所需用量 60g。海鹽焦糖醬與榛果酥菠蘿都無法以需要份量製作，都會剩下可室溫保存的成品。

[海鹽焦糖醬]

- 海鹽焦糖醬可以提前製作。完成的焦糖醬裝罐加蓋後冷藏保存。因焦糖醬材料中有動物鮮奶油的緣故，保鮮期約為三週。如希望以海鹽焦糖醬作為伴手禮，留置在室溫中 2 ～ 3 天沒有問題，建議仍以低溫保存為佳。
- 當希望製作大量的海鹽焦糖醬時，建議仍以食譜份量為基準，分批小量製作，較容易掌控融糖的速度、均勻度、焦化程度。
- 糖受熱，從融化到上色都會從外緣開始往中央，糖色從淡褐色轉為略帶透明的深琥珀色，再從滋味豐美的深琥珀色焦糖轉而成為必須拋棄的近黑色帶苦味的焦糖，時間很短，一定要顧爐。
- 製作焦糖應注意安全。砂糖在 135℃ 開始融化，當焦糖成琥珀色時，溫度約在 143℃ 左右，操作前先準備冷水盆可幫助焦糖降溫。製作焦糖時請記得不要讓小朋友在身邊。
- 應避免鮮奶油的溫度過低與加入速度過急，防止滾沸的焦糖醬上衝溢出而造成危險。
- 焦糖醬經冷藏後質地轉硬，作為餡料較難抹開，可在使用前留在室溫中回溫，或以微波或隔水加熱方式讓焦糖回軟，以利於操作。當焦糖醬質地過軟時，可用冷藏與冷凍方式讓焦糖醬降溫固化。「煙燻海鹽焦糖甘納許塔」食譜中，如在焦糖醬固化前倒入溫熱甘納許醬，兩者會融為一體，無法呈現預期的層次，但不影響整體的風味。
- 食譜中的動物鮮奶油乳脂肪含量 35%，也可用法式鮮奶油 Crème fraîche。
- 選用的煙燻海鹽，是於 1882 年就以製鹽為業的英國老牌 Maldon 公司所出產的 Smoked Sea Salt。這款煙燻海鹽由橡木燻製而成，有精純的薄片鹽花外形，富自然純粹的木質與海洋香氣，不含碘，具美味宜人的淺甘鹹味且無後苦味，適合運用於牛排等肉類料理，搭配以巧克力為主的各式糕點尤顯煙燻海鹽的獨到之處。或以鹽之花 Fleur de sel 替代。
- 海鹽於此，主在提味，用量雖小，實為味之靈魂。推薦在製作巧克力類甜點時，嘗試頂級海鹽的搭配，並體會其在風味上所營造的豐富回韻。
- 不同的鹽，鹹度因而不同。鹽量可依個人喜好調整與增減，可以減量，不建議完全省略。

室溫中半固態軟質地的海鹽焦糖醬。

[甘納許巧克力醬]

- 製作美味的甘納許巧克力醬只需兩種材料：調溫巧克力、動物鮮奶油，幾個簡單步驟就可完成，掌握以下幾個要點就能讓甘納許巧克力醬益趨完美。

  1. 使用高品質巧克力。
  2. 巧克力需仔細切碎後再使用。巧克力越細碎，融化越快。
  3. 製作甘納許時應避免濺入水。
  4. 將熱的鮮奶油淋上碎巧克力時，不要立即攪拌，先靜置一分鐘，再開始攪拌。
  5. 使用矽膠棒慢慢畫圈的方式，可避免在甘納許中因攪拌過多空氣而留下氣泡。
  6. 因巧克力對溫度的敏感度，完成的甘納許應在室溫中慢慢降溫並逐漸凝固，在完全凝固後才放入冰箱冷藏，可以保持甘納許光滑與潤口的好質地。溫度驟變會導致甘納許出現浮油現象並有膩口感。

- 「煙燻海鹽焦糖甘納許塔」的甘納許巧克力醬 Ganache，所用的動物鮮奶油與巧克力等重，為最易記也最經典的 1：1 比例。依照食譜可完成總計 300g 的甘納許巧克力醬。

- 製作甘納許時，應將動物鮮奶油加熱至沸騰後再使用，有利衛生並可延長甘納許的保存期限。

- 甘納許巧克力醬可提前製作。完成的甘納許巧克力醬略微冷卻就可裝罐，並加蓋後冷藏保存。

- 甘納許巧克力醬的狀態會因溫度改變，溫度高時流動力佳，冷卻後成固態。

- 冷藏溫度的甘納許，可直接打發成乳霜狀後作為蛋糕夾餡，用於抹面或裝飾擠花之用。

- 隔水加溫方式可讓冷藏溫度的甘納許回復流質狀態：上方裝甘納許的容器應比底部溫水盆的直徑大，可避免水分濺入甘納許中；當甘納許開始融化時，使用矽膠棒畫圈幫助甘納許均勻受熱，成滑順有光澤的濃稠流質狀態，即可撤除溫水盆。

室溫下的流質甘納許。

冷卻過後成固態的甘納許。

Café
ZWOELF
NOT

FLEX
STP

CHAPTER

4

日日常在的酥菠蘿
麵包。司康

BREAD × SCONE

no. 24

榛果奶油酥菠蘿烤盤麵包

Brown Butter Streusel Sheet Pan Bread

琥珀色榛果奶油酥菠蘿與鬆潤的淺甜麵包，
為尋常的日常帶來不尋常的撫慰，
為停擺的心帶來生波的勇氣。

材 料 Ingredients

酥菠蘿

無鹽奶油（冷藏，切塊）… 150g
中筋麵粉 … 300g
細砂糖 … 110g
香草糖 … 2 小匙
肉桂粉 … 1 小匙
鹽 … 1 小撮

甜麵團 a

全脂鮮奶（室溫）… 200g
無鹽奶油（冷藏）… 50g
高筋麵粉 … 375g
速發酵母 … 7g
細砂糖 … 50g
香草糖 … 1½ 小匙
鹽 … 4g
雞蛋（室溫）… 1 個

其他

糖粉 … 適量

模 具 Bakeware

30×40 公分大烤盤

前置作業 Preparations

麵團進行最後發酵時開始預熱烤箱：200℃上下溫。
大烤盤抹奶油撒麵粉。

製作步驟 Directions

酥菠蘿

1 製作榛果奶油：不鏽鋼厚底小鍋中加入切塊奶油，以中小火加熱，使用矽膠棒畫圈輕拌幫助奶油融化。奶油會從融化、水分蒸發、產生泡沫，進而從淡褐色轉變到深琥珀色。奶油開始沸騰時，外緣會開始冒泡泡，到完成焦化奶油，時間非常短，製作中需顧火。[A]

TIP：利用淺色不鏽鋼鍋製作，較易於觀察奶油加熱時的色澤變化。榛果奶油的加熱程度與色澤決定榛果奶油的風味。

2 當奶油色澤轉深時，鍋底開始出現褐色的碎屑，需不時攪拌，以免焦底。當奶油焦化程度達到理想時，立即離火並倒入大碗中，待其降溫後使用。碗中的榛果奶油有琥珀般的透明金黃色，上方有泡沫，沉澱在碗底的褐色部分是乳固形物（milk solid），散發明顯而強烈的堅果味與焦糖香。[B]

TIP：完成焦化的榛果奶油要倒出，不可留在小鍋中，以免因鍋子的餘溫繼續加熱而讓奶油焦黑。需等榛果奶油降溫後才使用。

3 容器中篩入所有酥菠蘿所需的其他食材，混合均勻。[C]

4 倒入冷卻的榛果奶油後手動攪拌。[D]

TIP：榛果奶油並無加熱至有焦苦味的程度，可以不濾除乳固形物。

5 剛倒入奶油時，粉質食材還來不及吸收奶油，會感覺麵糊過稀，先靜置幾分鐘後再輕輕翻拌，完成酥菠蘿。加蓋冷藏，備用。[E] [F]

TIP：榛果奶油酥菠蘿可以提前製作，密封後，冷藏保存，可保鮮期至少三天。

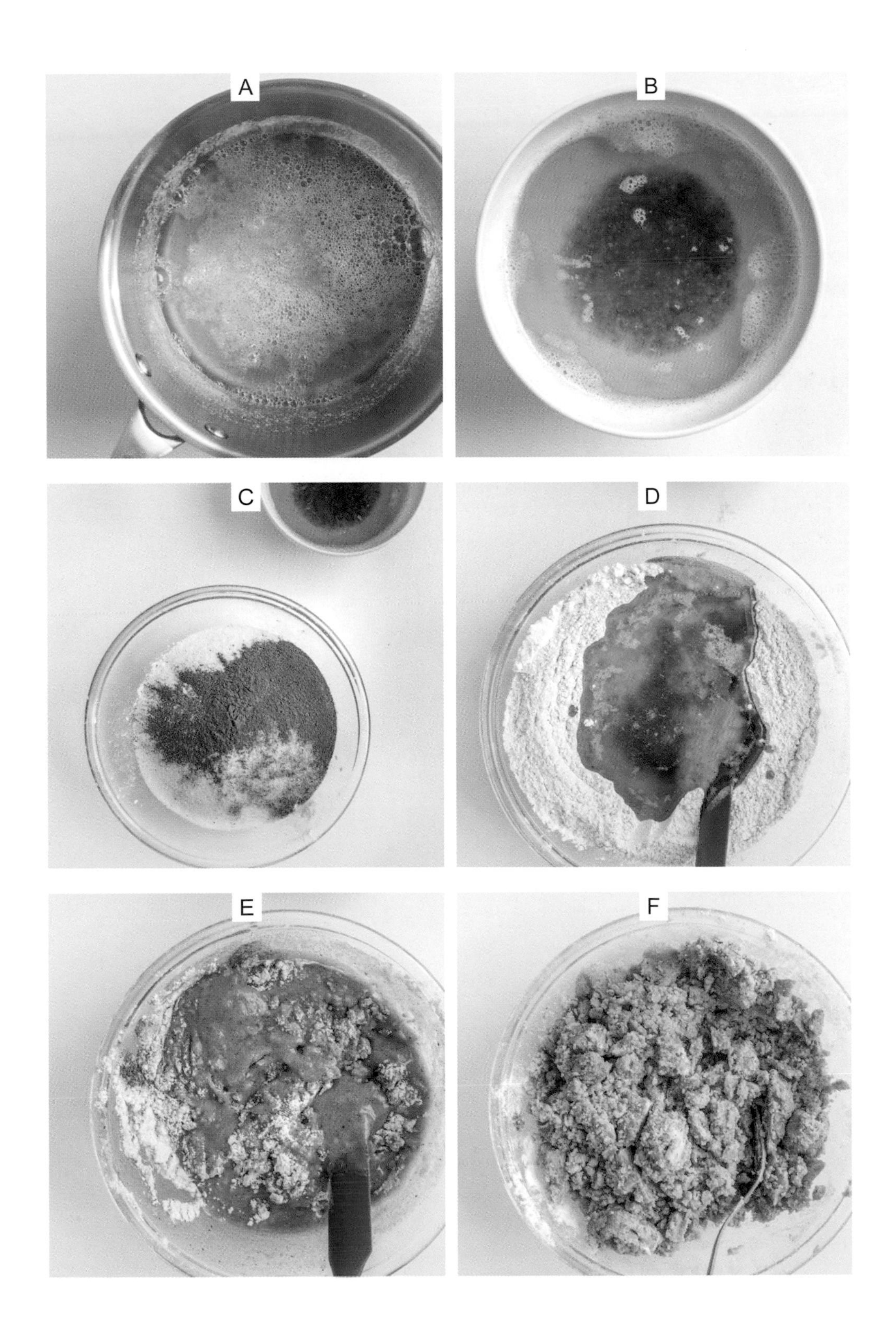
A
B
C
D
E
F

甜麵團

1 鮮奶加熱至 35℃～40℃之間，加入切塊奶油，略微攪拌幫助奶油融化。鮮奶中加入冷藏切塊奶油後，溫度會下降。G H

2 過篩麵粉中陸續加入速發酵母、砂糖、香草糖、鹽，混合均勻。I

3 倒入奶油鮮奶與打散的雞蛋。J

4 使用電動攪拌機搭配麵團鉤，先以低速混拌約 2～3 分鐘，再轉為中高速攪拌，直到麵團集結成團，質地平滑並有光澤，攪拌鋼盆壁面無殘餘的麵疙瘩。K L

TIP：操作過程中依需要停機刮鋼盆。如麵團還未達到理想質地，或擔心麵團升溫超過 30℃等，後段可採手揉方式，幫助麵粉筋度的強化與拓展，達到應有的韌性與質地。

5 在工作檯上用手將麵團揉勻後滾圓，收口朝下，放入抹上植物油防沾的容器中（植物油為食譜份量外），蓋上保鮮膜，進行第一次發酵，時間約 45～60 分鐘（依麵團實際發酵狀態調整時間）。M

6 第一段發酵完成時，麵團膨脹至原體積約 1.5～2.0 倍大。N

7 取出麵團，拍壓排氣後，再次揉成均勻麵團，壓平後，輕拉邊緣往中心點捏合，重複動作兩次，麵團翻面，收口朝下，再次滾圓，蓋上保鮮膜。在室溫中進行第二次發酵約 20～30 分鐘。麵團體積膨脹約一倍大。O

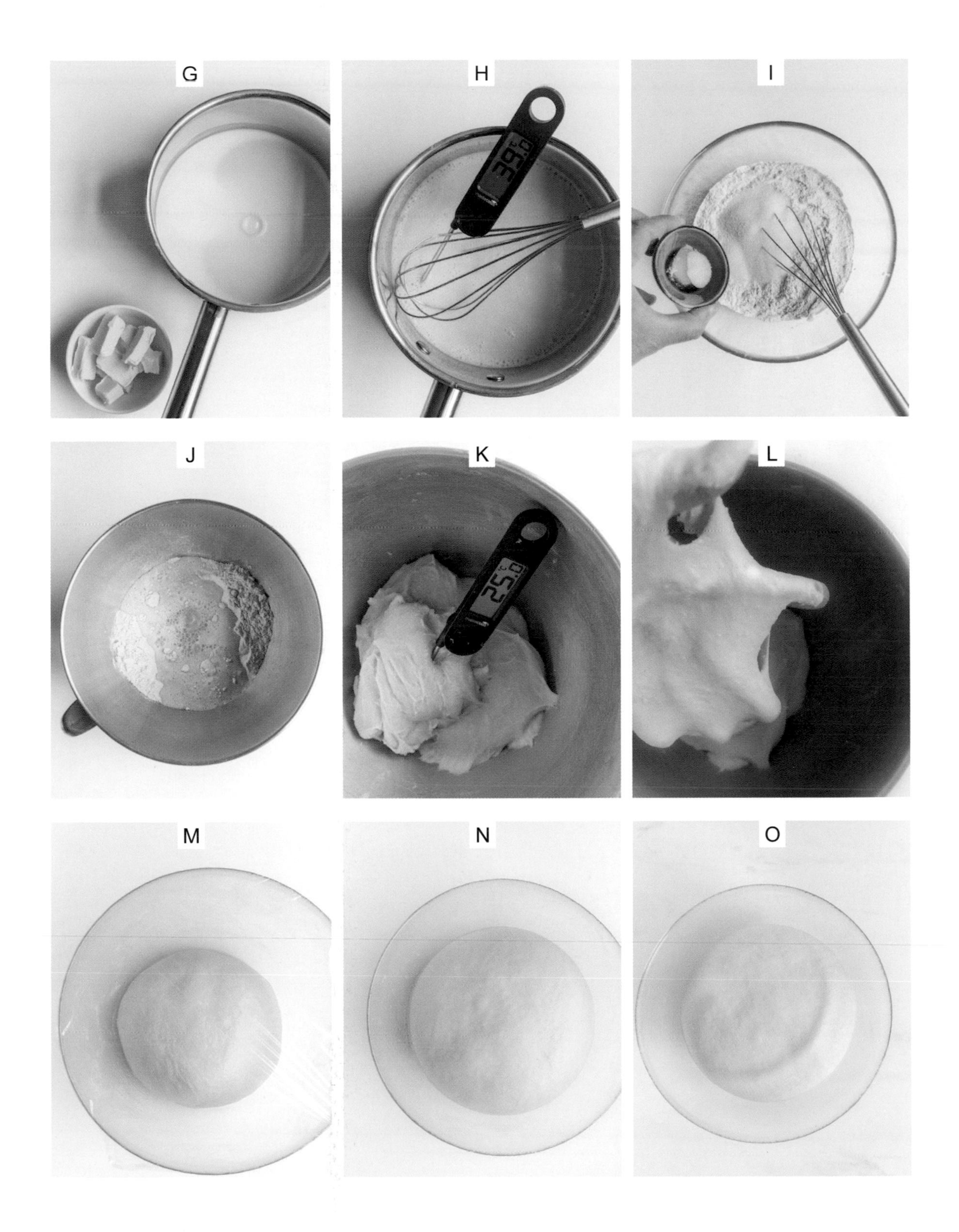
G
H
39.0
I
J
K
25.0
L
M
N
O

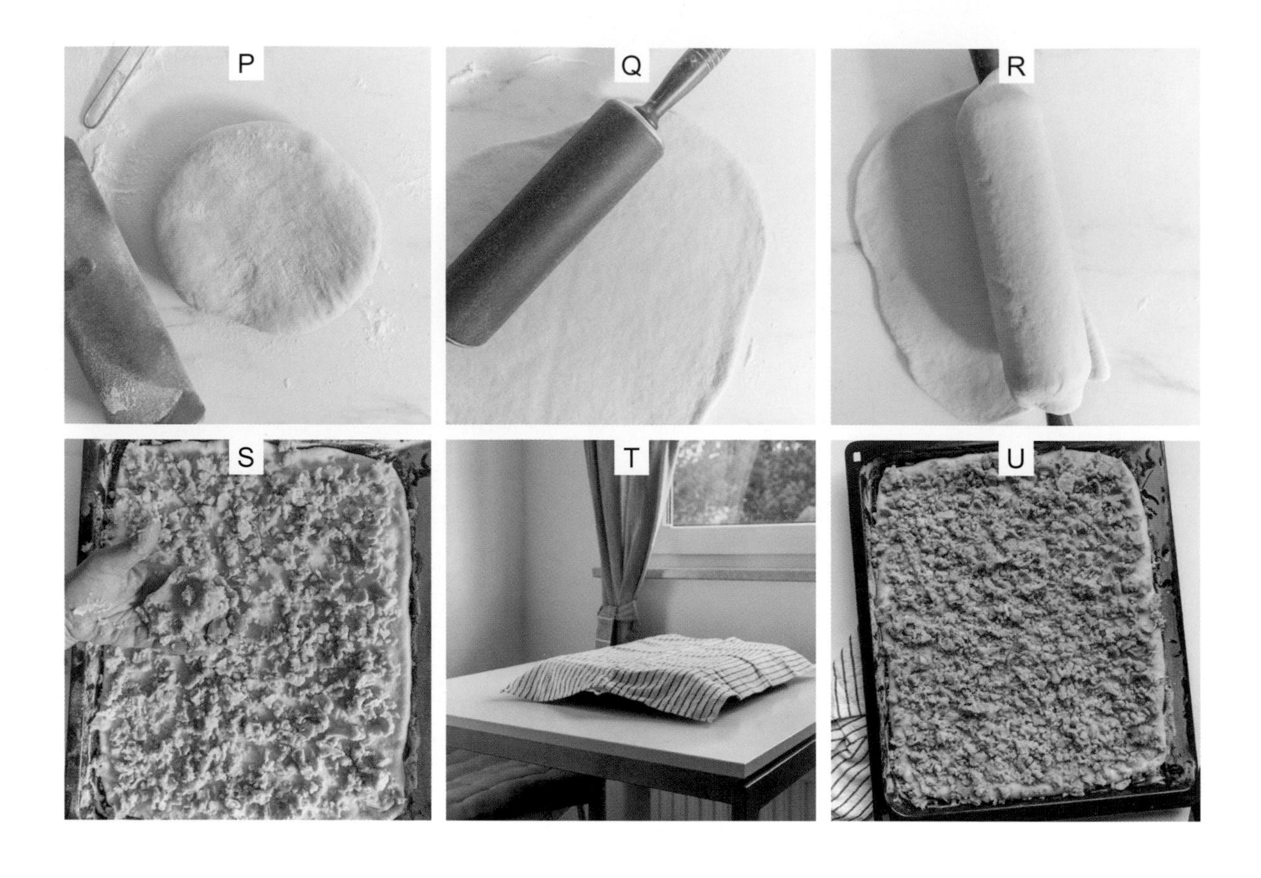

組合

1 在工作檯與麵團上撒手粉（食譜份量外），將麵團擀成約 30×40 公分。用擀麵杖將麵團捲起後，放入抹油撒粉的大烤盤。P Q R

2 均勻撒上冷藏的酥菠蘿粒，完成後蓋上廚房巾進行最後發酵，時間約為 15 分鐘。S T

3 麵團體積明顯膨脹就完成。入爐烘焙。U

烘焙 Baking

烤箱位置	烤箱中下層，網架正中央
烘焙溫度	200℃／上下溫
烘焙時間	20 ～ 25 分鐘
出爐靜置	表層榛果奶油酥菠蘿會先上色，烤盤邊緣無酥菠蘿覆蓋的麵包色澤均勻時就可出爐。連烤盤靜置在網架上，待略微降溫時就可將榛果奶油酥菠蘿烤盤麵包移出烤盤，靜置在網架上直到完全冷卻。
裝飾（可省略）	食用前撒上糖粉。

寶盒筆記 Notes

- 以大烤盤製作的烤盤麵包，是奧地利的家常甜糕點之一，寬大而扁平的外型，節省分割整型的工序與時間。薄麵團僅需 20 分鐘烘焙就可完成，切塊後與家人和朋友同享，是種非常適合聚會與派對的糕點類麵包。
- 烤盤麵包出爐後，烤盤還有餘溫，加上烤盤抹油撒粉，麵包底部的烤色因此較深。
- 常在外貌樸實的食物中，找到最不可預期的歡喜與力量。對於榛果奶油酥菠蘿麵包，真正想說的，只有三個字：好好吃～

no. 25

杏仁膏酥菠蘿
黑芝麻酥菠蘿麵包捲

Black Sesame Striezel with Marzipan Streusel

豐盛與甜蜜並存的酥菠蘿夾餡麵包，
是德語區國家的傳統週日早餐與週末午茶點心。
以酵母製作的甜味綿密麵包中有濃郁的黑芝麻，
果香十足的杏桃果醬，清香有緻的杏仁，搭配杏仁膏酥菠蘿……
充滿甜美的喜樂，因此蜂擁而至。

材料 Ingredients

酥菠蘿 a
中筋麵粉 … 150g
鹽 … 1 小撮
肉桂粉 … ¼ 小匙
細砂糖 … 2 大匙
杏仁糖膏 Marzipan（捏碎或刨絲）… 50g
無鹽奶油（室溫）… 100g
蛋黃（室溫）… 1 個

芝麻內餡 b
全脂鮮奶 … 170g
黑芝麻粉（原味無糖）… 150g
細砂糖 … 2 大匙
杏仁角 … 60g

甜麵團 c
全脂鮮奶（溫熱）… 100g
高筋麵粉 … 300g
新鮮酵母 … 20g
細砂糖 … 40g
雞蛋（室溫，打散）… 1 個
鹽 … 5g
無鹽奶油（室溫，切薄片）… 50g

杏桃內餡
杏桃果醬 … 130g

其他
蛋黃（刷蛋液用）… 1 個
動物鮮奶油 35%（刷蛋液用）… 3 小匙
糖粉（檸檬糖霜）… 100g
新鮮檸檬汁（檸檬糖霜）… 3 ～ 4 小匙

a

b

c

模具 Bakeware
30×40 公分大烤盤

前置作業 Preparations
麵團進行最後發酵 15 分鐘後開始預熱烤箱：180℃上下溫。
大烤盤鋪烘焙紙。

製作步驟 Directions

酥菠蘿

1 使用電動攪拌機搭配麵團鉤。在攪拌鋼盆中篩入麵粉、鹽、肉桂粉，再陸續加入所有其他的食材。A

2 以最低速攪拌成不規則散落的酥菠蘿團塊就完成。B

3 裝入有蓋容器，放入冰箱冷藏，備用。C

芝麻內餡

1 鮮奶加熱至沸騰後離火。加熱過程中需攪拌以免焦底。

2 在鮮奶中加入黑芝麻粉、砂糖與杏仁角。D

3 用矽膠棒拌合至均勻，加蓋靜置至完全冷卻。可在降溫後冷藏，備用。E F

A
B
C
D
E
F

甜麵團

1 製作海綿中種：鮮奶加熱至 30℃～35℃之間。在過篩麵粉挖的凹槽中放入捏碎的新鮮酵母，倒入溫熱鮮奶後加點糖，並用叉子略微攪拌。在表面撒上少許麵粉，蓋上廚房巾靜置 10～15 分鐘。直到海綿中種表層冒泡泡，酵母產生活力就可使用。G H I

2 海綿中種中陸續加入所有食材（全入法），使用電動攪拌機搭配麵團鉤，先以低速混拌約 2～3 分鐘，轉為中高速攪拌直到麵團集結成團。麵團應達出筋程度，質地平滑並有延展性，攪拌鋼盆壁面無殘餘的麵疙瘩。也可將海綿中種與所有食材略微拌合後，靜置水合 30 分鐘再攪拌；可減短攪拌機操作時間，並避免因攪拌而導致麵團升溫。J

TIP：操作中注意底部攪拌不到的麵團，並依需要停機刮鋼。如麵團還未達到理想質地，或是擔心攪拌過快與時間過長而導致麵團升溫超過 30℃等問題，可採手揉方式，幫助麵粉筋度的強化與拓展，達到應有的韌性與質地。

3 第一次發酵：取出麵團，在工作檯上手揉成均勻麵團並滾圓後，放入抹上植物油防沾的大容器中（植物油為食譜份量外），蓋上濕的廚房巾後靜置約 45～60 分鐘（依麵團實際發酵狀態調整時間）。K

4 第一段發酵完成時，麵團膨脹至原體積約 1.5～2.0 倍大，麵團細緻而光滑。L

TIP：發酵測試：手指沾麵粉後插入麵團，會在麵團上留下凹痕，即是達到理想的發酵程度。如果凹痕很快的消失，就表示應再延長發酵時間。

5 第二次發酵：工作檯上撒手粉，拍壓麵團排氣後再次揉成均勻麵團，壓平後，輕拉邊緣往中心點捏合，重複動作兩次，麵團翻面，收口朝下，再次滾圓 M N。蓋上廚房巾，在室溫中進行第二次發酵約 20～30 分鐘。麵團體積膨脹約一倍大。

杏桃內餡

1 將杏桃果醬用小鍋加熱直到軟化即可。無需沸騰。O

TIP：含有果肉果粒的果醬滋味更佳。如果醬質地較乾硬，加熱時可加入微量的冷開水調整果醬的濃度。或在果醬軟化並離火後，加入水果釀製的利口酒增添風味，例如杏桃利口酒。

G
H
I
J
K
L
M
N
O

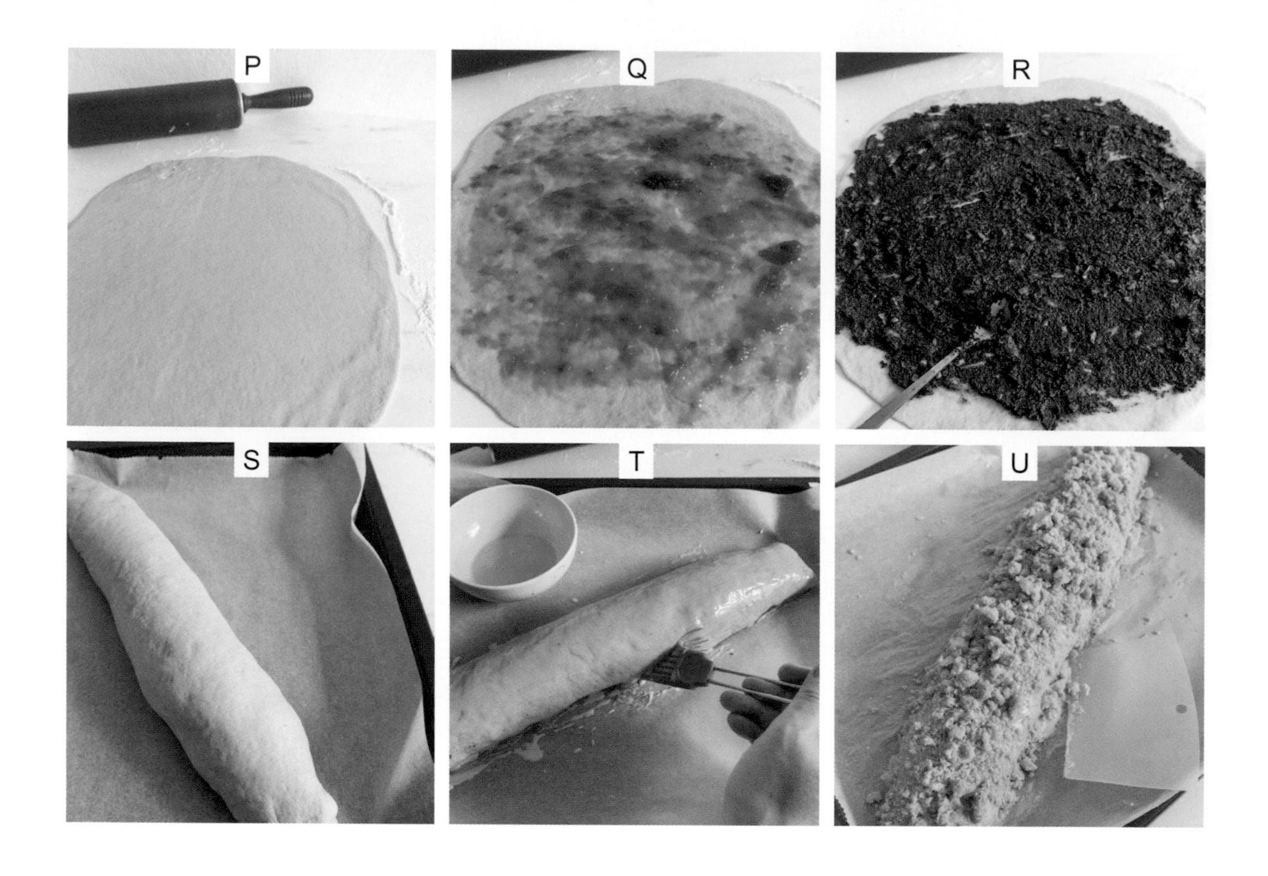

組合

1 麵團整型：工作檯與麵團上撒手粉（食譜份量外），將麵團擀成約 30×40 公分。P

2 抹上杏桃果醬。麵團邊緣保留約 2 公分不抹果醬。Q

3 將黑芝麻杏仁內餡均勻抹在果醬上，抹平就可。R

4 將麵團鬆鬆的捲起成麵包捲。

5 最後發酵：麵包捲接口朝下，放在鋪好烘焙紙的大烤盤上。蓋上廚房巾，進行最後發酵約 30 分鐘。S

6 先將蛋黃與鮮奶油均勻打散，在發酵好的麵包捲上來回刷蛋黃鮮奶油液。T

7 撒上冷藏的酥菠蘿粒，用手或刮板輕壓輔助酥菠蘿沾黏在麵包捲上，兩側可再多刷幾次蛋黃鮮奶液幫助酥菠蘿黏附。完成後入爐烘焙。U

TIP：冷藏的酥菠蘿直接使用，無需回溫。

烘焙 Baking

烤箱位置	烤箱中下層，網架正中央
烘焙溫度	180℃／上下溫
烘焙時間	40 ~ 45 分鐘
出爐靜置	麵包捲表面均勻上色後就可出爐。將麵包捲連烤盤靜置在網架上，溫熱時撤除烤盤與烘焙紙。
裝 飾（可省略）	食用前淋上檸檬糖霜。糖粉中加新鮮檸檬汁拌勻即可。糖粉多，檸檬汁少，糖霜較為濃稠。

從歷史中走來的酥菠蘿

以德語為官方語言的國家有（依總人口數排列）：德國、奧地利、列支敦士登、瑞士、盧森堡、比利時六國；除此之外，將德語訂為第二官方語言的還有：義大利北部的南蒂羅爾省 Suedtirol、法國的洛林（法語：Lorraine；德語：Lothringen）與阿爾薩斯（法語：Alsace；德語：Elsass）。

德語區中許多源遠流長至今仍深受喜愛的甜點心，其中如聖誕史多倫、肉桂捲、堅果花環麵包、夾餡麵包捲、各式烤盤式甜點、酵母麵團製作的咕咕霍夫蛋糕等等，都是以藉酵母發酵完成的甜風味麵團製作的。

這種以含有奶油與糖的酵母麵團製作的甜點心，精緻而細膩，多變且親民，遠遠超過狹義「甜麵包」範疇。如以口感與滋味比較，比起「麵包」，它們更接近糕點；如以食物感情角度審視，與宗教節日與重要家慶關係密切的甜點心，代表的是甜蜜時光與歡悅記憶。

這類甜點心，可以是早餐，可作為午茶點心，也能成為晚餐的甜美句點。

它帶著甜蜜，陪著人們奮鬥，陪著人們生活，為每個努力與辛勤的時刻，每個休憩與放鬆的時光，留下滋味，也留下記憶。

[海綿中種 Sponge Ferment for Yeast Dough]

- 奧地利的老奶奶經常以兩段式作法來製作酵母麵團，首先會從激活酵母開始，等酵母與溫熱鮮奶混合並被喚醒與激活後，再將其添加入主麵團材料攪拌成麵團。在奧地利，最初僅將酵母與溫熱液體混合，確認酵母活性並激活酵母的過程，稱為「Dampfl」。隨著時間演變，酵母與鮮奶中加入麵粉或也加糖混合，Dampfl 進而成為用於需以兩段法製作的麵團的「中種麵團」。

- 在擁有古老麵包傳統的區域內，海綿中種極為普遍，在瑞士被稱為「Hebl」，德國人則直接稱之為「Vorteig」，我們常聽到的波蘭種 Poolish 也屬海綿中種的一種，由波蘭移民從奧地利帶入法國，受歡迎的海綿中種於是在法國烘焙坊中有了個法國名字「levain-levure」，意為酵母預發酵麵團。

- 擁有存在的價值，才能擁有名字；也因為有了正式的名稱，所以海綿中種法在時光的波瀾中被流傳下來並被使用至今。

- 海綿中種 Sponge Starter，簡而言之，是酵母麵團的「預發酵麵種」，目的是激活酵母，確保質地，延展風味。在早期，酵母未經標準化也沒有保存期限標示，海綿中種除了可以確認酵母的活力外，也給予酵母增生繁殖的推助力，讓產生活力的酵母麵種與主麵團混合後促使麵團順利發酵，並藉此架構蓬鬆組織與美好的發酵風味，所完成的麵包膨脹力足、外型飽和，並有較長的保存或保質期。

- 我們所熟悉的德語區國家的史多倫 Stollen，法國的布里歐 Brioche，義大利的潘妮朵尼 Panettone，葡萄牙的知名甜麵包 Pão doce，都能找到海綿中種的身影。

- 其中重油脂酵母麵團代表的史多倫，因配方中的高比例油脂與糖量都會抑制酵母菌的緣故，而無法使用直接法操作這類型的酵母麵團，因此，預先製作海綿中種讓酵母在無油脂低糖（或是無糖）環境順利增生後，再與主麵團材料混合的作法實屬必要。

- 海綿中種麵團不僅僅能幫助重油脂酵母麵團成功發酵，並讓麵團具有較佳的彈性與延展性，同時也讓成品擁有其特有的香氣與風味，更柔軟的質地，更細緻而均勻分佈的氣孔組織，以及較長的賞味期。

- 海綿中種法雖源於酵母價格高昂且採購不易的時代，在現代的專業烘焙坊中依然佔有重要的地位。知名米其林廚師與暢銷食譜書作者莉亞 · 林斯特 Lea Linster 的專業廚房裡，依循傳統麵包工藝所製作的海綿中種，依然是她所擅長的甜麵包糕點的重要起點與風味泉源。

- 本書所示範的海綿中種採用最快速的短程作法，依「葡萄乾椰蓉奶酥麵包」食譜製作，酵母用量對應麵團的油脂比例。更多有關海綿中種的重要資訊都一併收入專欄筆記中。

海綿中種熟成時的狀態

撥開達到熟成度的海綿中種表層，可見類似海綿泡沫般的組織，攪動會產生氣泡，持續攪動後海綿泡沫會坍塌，而成略微濃稠的糊狀質地。照片中的海綿中種是以新鮮酵母製作。

[海綿中種製作]

材料

全脂鮮奶
（溫熱 30℃～38℃）⋯ 100g

新鮮酵母（捏碎）⋯ 25g

* 或是即發乾酵母（適用高糖配方）8g

細砂糖 ⋯ 10g

中筋麵粉 ⋯ 60g

步驟

1 鮮奶加溫至 35℃左右。沒有溫度計時，將鮮奶加熱至約體溫溫度，手摸不燙。使用加溫的鮮奶或清水激活酵母時，寧可用低一點的溫度操作，加溫溫度不應高於 40℃。A

2 大碗中放入捏碎的新鮮酵母。B

TIP：新鮮酵母使用前才從冰箱取出，不需回溫。新鮮酵母是以特殊的紙材包裝，一旦開封應儘快用完，如新鮮酵母的外觀，色澤與氣味發生變化，都不應再使用。可用 8g 的即發乾酵母替代新鮮酵母，步驟順序與操作方式相同。

3 倒入所有溫熱鮮奶後，用叉子攪拌幫助酵母融化，盡可能將大的酵母塊壓碎。攪拌中可看見酵母開始作用並產生小氣泡。C D

4 加入所有的砂糖以及約一半的麵粉後，用叉子略微攪拌。E

5 最後倒入剩下的麵粉，讓麵粉覆蓋表層，不再攪拌。蓋上廚房巾，在室溫中靜置 10 ～ 15 分鐘。[F]

TIP：麵粉覆蓋表層的原因有三：防止海綿中種的表層因乾燥結皮，有利於海綿中種在持衡的溫度中進行作用，表層麵粉的裂紋可作為海綿中種狀態的判斷。

6 海綿中種在不同時段中的漸進變化。靜置 10 分鐘後就可明顯看到較大的氣泡，表層的麵粉因底部酵母的活動開始出現裂痕。[G] [H]

7 經過 15 分鐘，海綿中種向上膨脹，體積變大，表層麵粉周圍可見作用中的酵母氣泡。[I]

8 叉子開始翻動海綿中種時，中間是類似泡沫般的組織，就像充滿空氣海綿一般，略微攪拌後會塌陷並成糊狀質地。這個狀態的海綿中種已達使用標準，可進入與主麵團的材料混合步驟。[J] [K]

TIP：環境溫度較低時，可將海綿中種容器放在 25℃ ～ 35℃的溫水盆中保溫。靜置後如沒有看到明顯的變化，先攪拌一下再加一點點麵粉再靜置 10 分鐘，之後還是不見酵母作用，表示酵母失效。

[海綿中種筆記]

- 將海綿中種 Sponge 預麵團加入主麵團的方法，又稱為「海綿中種麵團法」，英文 Sponge and Dough Method 或 Sponge Mixing Method。
- 依據奧地利 Trauner Verlag 出版社所出版的烘焙教科書《Lehrbuch der Baeckerei》，海綿中種法 Vorteigfuehrung 多用於製作高油脂比例的中重酵母麵團與重酵母麵團。
- 海綿中種的配方依總麵團的油脂比例而略有不同。

製作重點：
海綿中種表面一定記得撒上麵粉覆蓋住海綿中種。可加糖，並非必要，加糖能加速海綿中種產生作用。靜置在室溫內的時間約 15 分鐘，就能明顯看到酵母的活動力。環境溫度越低，所需的靜置時間越長。

達到使用標準的海綿中種的三個特徵：
1. 體積膨發至原體積的兩倍。
2. 表層覆蓋用麵粉有明顯裂紋。
3. 稍經碰觸就會塌陷。

新鮮酵母與乾燥酵母

- 奧地利的傳統食譜多數以使用新鮮酵母為主。可替換適用於高糖麵團的即發乾酵母。根據奧地利的烘焙教科書，含糖量與油脂比例較高的軟質麵包配方，以使用新鮮酵母為主。
- 新鮮酵母與乾燥酵母的替換比例是 3：1。如食譜材料中新鮮酵母用量是 30g，替換成乾燥酵母，30 ／ 3 ＝ 10g，就是乾燥酵母所需用量。

【感謝】

不萊嗯的烘焙廚房 Brian Cuisine 的不萊嗯老師的專業諮詢與鼎力協助。

【參考書籍】

《PROFESSIONAL BAKING》
作者：Wayne Gisslen
出版社：John Wiley & Sons，USA

《LEHRBUCH DER BAECKEREI》
作者：Hans Ludwig Janssen、Udo Saalfeld、Alfred Mar、Herbert Jenecek、Johann Kapplmüller、Wolfgang Nimmervoll、Hannes Payer、Johann Sandbichler、Josef Sperrer
出版社：Trauner Verlag，Austria

《TECHNOLOGIE DER BACKWARENHERSTELLUNG: FACHKUNDLICHES LEHRBUCH FÜR BÄCKER UND BÄCKERINNEN》
作者：Stefan Creutz、Michael Meissner、Claus Schuenemann
出版社：Fachbuchverlag Pfanneberg GmbH & Co. KG，Germany

no. 26

奧地利酥菠蘿奶油餐包

Austrian Buchteln - Sweet Yeast Buns with Streusel

以新鮮酵母製作的奶油餐包 Buchteln 屬奧地利的經典甜味美食之一。
無論是無餡的原味或是夾入果醬或黑李子醬等內餡的奶油餐包，都受喜愛。
奧地利阿爾卑斯山區的小木屋餐廳幾乎都找得到奧地利奶油餐包的蹤影。
在剛剛出爐酥酥香香的小餐包上淋一大杓熱熱的香草卡士達醬，是冬天暖爐旁的最期待。

材 料 Ingredients

酥菠蘿

中筋麵粉 … 40g
細砂糖 … 1 大匙
香草糖 … 1 小匙
鹽 … 1 小撮
無鹽奶油（室溫）… 25g
蛋黃（室溫）… ½ 個

甜麵團

高筋麵粉 … 420g
新鮮酵母 … 20g
全脂鮮奶（溫熱）… 160g
細砂糖 … 50g
香草糖 … 2 小匙
雞蛋（室溫，打散）… 2 個
鹽 … 6g
無鹽奶油①（室溫，切薄片）… 70g

其他

無鹽奶油②（融化）… 30 ～ 40g
蛋黃（刷蛋液用）… ½ 個
動物鮮奶油 35%（刷蛋液用）… 2 小匙
糖粉 … 適量

模 具 Bakeware

長 29× 寬 18× 高 5 公分長方形烤模
或直徑 26 公分圓形烤模

前置作業 Preparations

麵團進行最後發酵 15 分鐘後開始預熱烤箱：170℃上下溫。烤模抹上奶油，要稍微抹厚一點。天氣熱的時候，將烤模放入冰箱冷藏備用。

製作步驟 Directions

酥菠蘿

1 將所有食材用手搓成細砂狀，冷藏備用。

TIP：蛋黃先打散，以小匙舀出 2 小匙就是半個蛋黃的份量。保留剩下的蛋黃作為刷蛋液。

甜麵團

1 製作海綿中種：先將鮮奶加熱至30℃～35℃之間。

2 過篩的麵粉中間挖個凹槽，放入捏碎成小塊的新鮮酵母，倒入溫熱鮮奶後加點糖，用叉子略微攪拌後，在表面撒上少許麵粉，蓋上廚房巾靜置 10 ～ 15 分鐘。直到海綿中種表層冒泡泡，麵粉出現裂紋。

3 除了鹽與無鹽奶油①之外，陸續加入所有其他食材（砂糖、香草糖、雞蛋蛋汁）。使用電動攪拌機搭配麵團鉤，以低速將麵團混拌成團。

4 均勻將鹽撒在麵團上方，繼續低速攪拌約 2 ～ 3 分鐘，讓鹽均勻分佈於麵團中。

5 最後慢慢加入奶油片，保持低速操作，約 2 分鐘內加完所有奶油。

6 待奶油完全加入後，轉為中高速攪拌直到麵團集結成團，麵團質地平滑並有光澤，攪拌鋼盆壁面無殘餘的麵疙瘩。

TIP：操作中應停機刮鋼，注意底部攪拌不到的麵團。可採手揉方式，幫助麵粉筋度的強化與拓展，達到應有的韌性與質地。當奶油與麵團沒有完全混合前，麵團的軟硬度不均，質地不均，也會比較黏手。攪拌或搓揉後奶油完全融入麵團，麵團的質地與外觀都呈光滑狀，具有延展性（能拉出薄膜），裂口邊緣平滑。

7 在工作檯上用雙手輕輕托住麵團，向內收合，重複動作直到麵團成中央鼓起的球型。進行第一次發酵：大容器中抹上植物油防沾（植物油為食譜份量外），放入麵團，蓋上濕潤的廚房巾後靜置約45～60分鐘，直到麵團體積膨脹到約 1.5 ～ 2.0 倍大。

TIP：發酵測試：用沾上麵粉的手指插入麵團中央，麵團上如留下明顯的凹痕，不會快速恢復原狀，就是達到剛剛好的發酵程度。

8 分割整型與第二次發酵：工作檯上撒手粉，拍壓麵團排氣後再次揉成均勻麵團，進行分割。麵團總重量約 820g ～ 830g，分割成 12 個，每個重約 68g ～ 70g 的小麵團。將小麵團一一收攏後滾圓，捏緊收口，光面朝上、收口朝下。蓋上廚房巾靜置，第二次發酵約 15 分鐘。

TIP：如果動作慢，最後一個麵團滾圓完成時，就可入模，不必再經過 15 分鐘的第二次發酵。

9 最後發酵：無鹽奶油②隔水加熱至融化。輕握分割滾圓好的小麵團，底部三分之一浸入融化奶油中，再一一放入烤模中，小麵團間留間距。加蓋後進行最後發酵約 30 分鐘，或是直到麵團體積明顯膨脹。

烘焙前裝飾

1 刷蛋液：蛋黃與鮮奶油打散打勻後，刷在每個麵團上方。

2 取出冷藏備用的酥菠蘿，先將較大的酥菠蘿顆粒捏碎，均勻撒在麵團上方，完成後入爐烘焙。

烘 焙 Baking

烤箱位置	烤箱中下層，網架正中央
烘焙溫度	170℃／上下溫
烘焙時間	25 ～ 30 分鐘
出爐靜置	酥菠蘿奶油餐包表面均勻上色後就可出爐。連烤模靜置在網架上，溫熱時就可脫模。
裝 飾（可省略）	食用前撒上糖粉。

寶盒筆記 Notes

- 奧地利酥菠蘿奶油餐包可搭配溫熱的香草醬，或是自己喜歡的果醬。
- 可在每個麵團中包入約 1 小匙的果醬作為內餡。麵團收口應確實捏緊，才不會在烘焙時爆餡。
- 在烤模抹上奶油後撒上約 2 ～ 3 大匙的糖，可讓烘焙後的奶油餐包有焦糖風味。
- 等量分割麵團是必要步驟。重量大小一致的麵團，才能同時入爐並同時出爐，經烘焙後擁有均勻的色澤，相同的烘焙深度，一致的外觀。建議分割前先秤出麵團實重，再依數量計算單一麵團重量，分割完再次上秤後才進入整形步驟。
- 麵團整形時，記得捏緊收口，經發酵膨脹的麵團才不會崩裂開來。
- 將麵團放入烤模或烤盤時，收口應該朝下。收口如在側面或是朝上，烘焙時麵團受熱膨脹會拉開收口導致變形，進而影響麵包的高度與膨鬆度。

no. 27

椰蓉酥菠蘿

葡萄乾椰蓉奶酥麵包

Raisin Coconut Bread with Coconut Streusel

老孩兒的童年記憶，不褪色的懷念滋味。
揣在每個人懷中的葡萄乾椰蓉奶酥麵包，都伴隨著一段成長心事。
讓我們一起複習我們所喜歡的，所懷念的，以及曾經讓我們萬般牽掛著的。

材 料 Ingredients

甜麵團

海綿中種 [a]

全脂鮮奶（溫熱）… 100g

新鮮酵母 … 25g

細砂糖 … 10g

中筋麵粉① … 60g

主麵團 [b]

全部的海綿中種 … 約 200g

全脂鮮奶（冷藏）… 150g

雞蛋（冷藏）… 2 個

細砂糖 … 35g

香草糖 … 10g

中筋麵粉② … 450g

鹽 … 8g

無鹽奶油（室溫，切塊）… 75g

內餡 [c]

葡萄乾（溫浸並瀝乾）… 100g

無鹽奶油（室溫）… 120g

糖粉 … 130g

香草糖 … 1 小匙

鹽 … 1 小撮

雞蛋蛋黃（室溫）… 2 個

動物鮮奶油 35%（室溫）… 25g

椰蓉 … 200g

中筋麵粉③ … 70g

酥菠蘿

保留的內餡 … 約 270g

中筋麵粉④ … 30g

其他

雞蛋（打散，刷蛋液用）… 1 個

糖粉（裝飾用）… 適量

模 具 Bakeware

30×40 公分大烤盤

前置作業 Preparations

麵團完成最後發酵 15 分鐘前開始

預熱烤箱：170℃上下溫。

烤盤鋪烘焙紙。

a

b

c

製作步驟 Directions

海綿中種

▼ 更多有關海綿中種的資訊、分解步驟圖、操作重點等，請參閱 p.238 ～ 243。

1 先將捏碎的新鮮酵母與溫熱鮮奶混合後，加入砂糖與一半的中筋麵粉①，用叉子略微攪拌。[A] [B]

2 將剩下的中筋麵粉①撒在表層，無需攪拌。蓋上廚房巾在室溫中靜置 10 ～ 15 分鐘。[C]

3 經過 15 分鐘後，海綿中種體積變大，表層麵粉出現裂痕，表層看得見酵母作用所產生的大氣泡。海綿中種：靜置 10 分鐘時的狀態 [D]；靜置 15 分鐘時的狀態 [E]。

4 略微攪拌時可見類似海綿泡沫般的組織，酵母作用明顯，達到這個狀態的海綿中種已可加入主麵團使用。[F]

主麵團 ▼使用電動攪拌機＋麵團鉤配件。

1 先從濕性食材開始。攪拌鋼盆中陸續加入海綿中種、鮮奶 130g（保留鮮奶 20 ～ 30g 作調節之用）、雞蛋、砂糖、香草糖，用叉子略微攪拌。A

2 繼而加入約四分之三的中筋麵粉②，使用電動攪拌機搭配麵團鉤，以 2 段速低速開始混拌，攪拌中持續加麵粉直到加完所有中筋麵粉②，轉 4 段速中低速攪拌，在接近完成時，如有需要才依麵團狀態加入鮮奶調整，攪拌時間約 4 ～ 5 分鐘，直到麵團成團上鉤，這個階段的麵團質地還是比較粗糙。蓋上廚房巾，靜置在室溫中進行水合 30 分鐘。B C D

3 水合前後的麵團狀態 E F。水合完成的麵團，因酵母開始作用的緣故，體積比水合前大，拉開表層的麵團可見初步形成的麵筋架構。

4 在水合後的麵團上撒鹽，用 2 段速低速開始，再轉 4 段速中低速攪拌，總計約 5 分鐘。水合法加上低速攪拌可避免麵團升溫，攪拌中的麵團測溫約 22℃。G

5 攪拌中慢慢加入切成塊的室溫奶油，加完奶油後轉為 4 段速中低速攪拌約 5 分鐘，直到麵團成團，質地平滑並有光澤，麵團有擴展性，可拉出薄膜，裂口平整無鋸齒狀，就可進入第一次發酵。H

TIP：操作中注意底部攪拌不到的麵團，並依需要停機刮鋼。

6 在工作檯上用手將麵團揉勻，將麵團整形成圓餅狀，連續拉起外緣的麵團往中心點壓一下，重複動作兩圈。麵團翻面，收口朝下，收合並滾圓後，放入已經抹好薄薄植物油的容器中（植物油為食譜份量外）。蓋上濕的廚房巾進行第一次發酵，時間約 60 分鐘。I J K

TIP：以麵團實際發酵狀態為依歸，操作時應依所在環境溫度與濕度調整發酵時間，書中所列「發酵時間」均為參考值。酵母在 26℃ 的溫度中最為活躍，當麵團的溫度或是環境溫度低於 26℃ 時，酵母的活躍度就會減緩，溫度越低，活力越差，所需的發酵時間越長。

內餡與酥菠蘿

1 葡萄乾預先用熱水沖洗後，浸泡在溫水中約 15 分鐘，瀝乾備用。A

2 用打蛋器將奶油與糖粉、香草糖、鹽，打至滑順後，加入蛋黃與鮮奶油攪拌均勻。B

3 先拌入椰蓉，再加入過篩的中筋麵粉③拌合。C

4 最後與瀝乾的葡萄乾拌均勻，完成。D

5 取 420g 內餡，在工作檯上壓合成長方形後切成 14 等分。如希望準確等分，每個內餡是 30g。蓋保鮮膜，備用。E

6 製作酥菠蘿：剩下約 270g 內餡加入 30g 的中筋麵粉④，用手搓合成酥菠蘿，冷藏備用。F

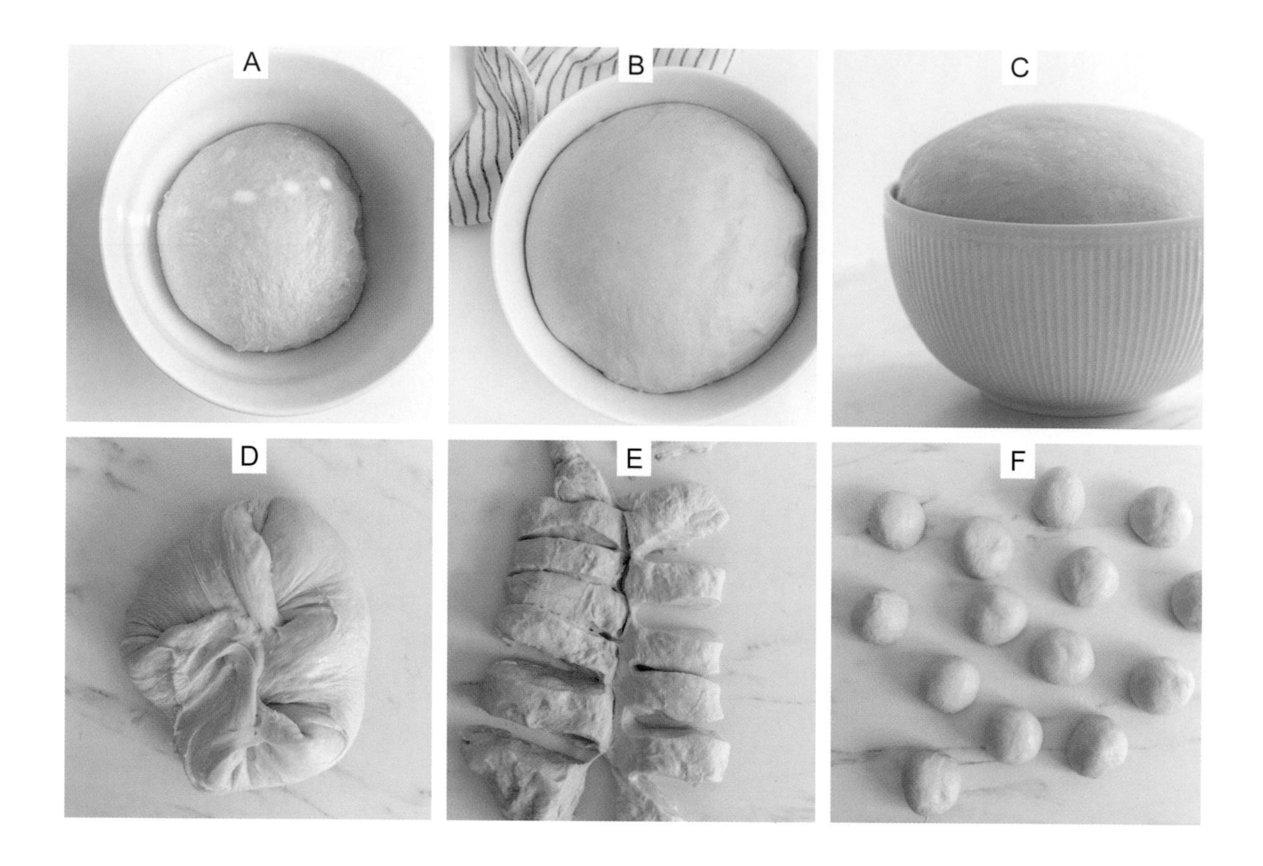

組合

1 麵團第一次發酵完成後，膨脹至原體積約 1.5 ～ 2.0 倍大，麵團細緻而光滑。紀錄麵團發酵中體積的變化。A B C

TIP：發酵測試：手指沾麵粉後插入麵團，留下的凹痕緩慢的合攏，即是達到理想的發酵程度。如果凹痕很快的消失，就表示應再延長發酵時間。

2 將麵團倒扣在工作檯上，拍壓麵團排氣，用手壓平，順時鐘或逆時鐘方向連續輕拉麵團邊緣往中心點壓合，完成一圈，再重複動作一次。D

3 將麵團壓平成長方形，切割成 14 等分。E

4 用電子秤均分，每個小麵團重約 70 ～ 72g。收合，收口朝下。滾圓，光面朝上。在小麵團上噴水霧，加蓋，進行第二次發酵並鬆弛，時間約 15 ～ 20 分鐘。作業動作較慢時，完成最後一個麵團滾圓就可從第一個麵團開始包餡。F

5 工作檯上撒少許手粉（食譜份量外），將第二次發酵完成的小麵團翻過來，呈光面朝下、收口朝上的狀態，用手指壓平成圓餅狀。包入內餡，餡料稍微壓平。用包包子的方式，手摺收口。再次翻面，摺口朝下，光面朝上，用手略微壓平。G

6 用剪刀剪出花瓣狀，六瓣或八瓣隨意，保留正中心不要剪開。H

7 重複步驟，完成 14 個麵包夾餡與整形。放入鋪好烘焙紙的烤盤上，麵包間留間距，蓋上廚房巾，進行最後發酵，約 30 ～ 45 分鐘，直到麵團體積明顯膨脹。I

8 最後發酵完成後，用手或湯匙背在麵團正中心處壓出凹槽，在麵包上薄薄刷上全蛋液，來回刷兩次。J

TIP：全蛋液：雞蛋打散並以濾網過篩再使用，經過篩的全蛋汁較易刷，烘焙後色澤也較均勻。

9 在每個麵包上撒上酥菠蘿，撒完後稍微壓一下，再淋上剩下的全蛋汁，幫助固定。完成後入爐烘焙。K L

烘焙 Baking

| 烤箱位置 | 烤箱下層，網架正中央
| 烘焙溫度 | 170℃／上下溫
| 烘焙時間 | 22 ～ 25 分鐘
| 出爐靜置 | 麵包表面與周邊均勻上色後就可出爐。待略微降溫，將麵包移往網架冷卻。
| 裝 飾 |（可省略）葡萄乾椰蓉奶酥麵包可單純享受，也可在食用前撒點糖粉，或是搭配檸檬糖霜也非常好吃。

寶盒筆記 Notes

- 葡萄乾應先用溫熱水沖洗後再浸溫水，浸潤過的葡萄乾較不會因烘焙高溫而焦黑而有苦味。也可以用略含酒精成份的蘭姆酒葡萄乾來製作。
- 葡萄乾椰蓉奶酥麵包的內餡與酥菠蘿，乾濕度略有不同。內餡的餡料加入麵粉成酥菠蘿，質地較為乾燥；經過烘焙，內餡潤澤，外層的酥菠蘿則會保持乾而脆的質地。
- 為避免麵團因長時間機械式攪拌導致升溫，可藉食材溫度調整。環境溫度高，希望降溫時，可將麵粉、雞蛋、其他副食材等先冷藏再使用。發現麵團溫度升高時可將麵團冷藏靜置或藉助冰袋降溫後再操作。在開始進入攪拌前，先以 30 分鐘水合法幫助麵粉筋度拓展，是個省時省力又能避免麵團升溫的有效方法。
- 新鮮酵母 Fresh Yeast 與即發乾酵母 Instant Active Dry Yeast 的替換公式：「新鮮酵母：即發乾酵母＝ 3：1」。也就是說，新鮮酵母除以 3 ＝即發乾酵母用量。反之，即發乾酵母乘以 3 ＝新鮮酵母用量。

  新鮮酵母中含有大約 70% 的水分，冷藏保質期約三週。新鮮酵母容易過期，容易變質，質地必須「新鮮」，其中的酵母菌株才能生長與繁殖並有效作用。

  當麵團含糖量高於 8% 時，使用活力旺盛且驅動力較強的新鮮酵母有助於發酵。替換乾燥酵母時應選擇適用高糖配方的即發乾酵母。
- 為防止麵團沾黏以及幫助麵團在烘焙時均衡受熱，麵團的排放應留間距並盡可能整齊，有助於讓整盤麵包都能達到理想的烘焙深度與上色度。

製作酵母麵團，因麵粉的品質與吸水性不同，操作中調節麵團乾濕度是不可避免的。那麼，加水或加粉，有沒有差異？為什麼有差異？會有什麼影響？

調整液態材料比額外添加麵粉好

食譜配方都是以烘焙百分比設計，以「麵粉」作為基準，百分比是 100%，其他材料比例都以麵粉量為基準計算而來。例如當我們説配方的含水量 50% 時，表示水分的重量佔麵粉總量的百分之五十，如此一來就能以麵粉的重量，推算出所需水分的重量。

製作麵團時，建議先保留部分如鮮奶或清水等液態材料作為調整之用，僅在調整麵團的軟硬度時才依實際所需加入，所保留的水分有可能用不完，也有可能需額外增量，無論增減，整個配方的烘焙百分比上，變動的只有水分的百分比，其他材料百分比保持原態。

反之，當加入所有液態食材後發現麵團過於溼軟時，無所選擇的，必須另加麵粉調整，在本質上，加入麵粉的同時就已經改變了整個配方的百分比。加入的麵粉量越多，與配方原百分比的偏移程度也越大。

因此，加水或加粉的選擇上，調節水分對整個配方的均衡度的影響較小，是個更好的選擇。

「烘焙百分比」，
也是全世界專業麵包師傅的共通語言

即使是來自非同語環境無法進行日常溝通的師傅們，一起進入烘焙坊時，也能輕易瞭解 1% 鹽、10% 奶油、20% 糖等隱藏在烘焙百分比中的特殊意義。

烘焙百分比中，麵粉重量作為計算基準，設定為 100%，依此算出其他材料對應麵粉的百分比。手寫食譜僅列出其他材料的百分比，即使略寫麵粉，也能輕易藉逆向推算方式算出麵粉用量。舉例來説，糖的烘焙百分比是 10%，重 100 公克，由此可算出烘焙百分比 100% 的麵粉重量是 1,000 公克。

以烘焙百分比寫配方可以檢視配方的均衡度，並有容易放大與縮小的優點，無論是家庭烘焙的 1 公斤麵粉或是大產能的中央廚房裡的 1000kg 麵粉，在配方中的百分比是固定的。

而那看起來微不足道，似乎可有可無的 1% 鹽，在 1000kg 的麵粉中，不僅成為非常有重量的 10kg，同時，並能決定麵團的未來。

製作麵包，屬於另外一種充滿撫慰的日常。

製作有造型的麵包，能讓成年的大人重新回味童年時分。

由麵團成為麵包，

認真體會，時間加上溫度的魔法。

no. 28

水蜜桃乳酪夾心酥菠蘿切片

Peach Cheesecake Streusel Bars

香草奶油的酥菠蘿所覆蓋著的是：
擁有檸檬後韻的乳酪，充滿果甜的水蜜桃片，怎麼樣都愛的軟質甜麵包。
一同以純淨的原味食材展現的滋味力量。

材 料 Ingredients

酥菠蘿

中筋麵粉 … 125g
細砂糖 … 70g
香草糖 … 1 小匙
無鹽奶油（室溫）… 70g

甜麵團

高筋麵粉 … 300g
新鮮酵母 … 20g
全脂鮮奶（溫熱）… 150g
細砂糖 … 30g
雞蛋（室溫）… 1 個
鹽 … 4g
無鹽奶油（融化）… 20g

內餡 a

罐裝水蜜桃 … 果肉淨重 500g
全脂奶油乳酪（室溫）… 530g
細砂糖 … 100g
無鹽奶油（融化）… 40g
鹽 … 1 小撮
雞蛋（室溫）… 2 個
玉米粉 … 25g
新鮮檸檬的皮屑 … 1 個檸檬

其他

糖粉 … 適量

模 具 Bakeware

30×40 公分大烤盤

前置作業 Preparations

麵團進行最後發酵 15 分鐘後開始預熱烤箱：180℃上下溫。
大烤盤抹奶油、撒麵粉。

製作步驟 Directions

酥菠蘿

1 將麵粉、砂糖、香草糖用打蛋器混合後加入奶油，用手搓成粗砂狀，蓋上保鮮膜，冷藏保鮮備用。A B

2 經過冷藏的酥菠蘿粒。C

甜麵團

1 製作海綿中種：先將鮮奶加熱至 30℃ ~ 35℃之間。過篩麵粉中間挖一個凹槽，放入捏碎的新鮮酵母，倒入溫熱鮮奶後加點糖，用叉子略微攪拌後，在表面撒上少許麵粉，蓋上廚房巾靜置 10 ~ 15 分鐘。直到海綿中種表層冒泡泡，酵母產生活力。D

2 於海綿中種裡陸續加入所有食材。E

3 使用電動攪拌機搭配麵團鉤，先以低速混拌約 2 ~ 3 分鐘，轉為中高速攪拌至麵團集結成團，質地平滑並有光澤，攪拌鋼盆壁面無殘餘的麵疙瘩。F

TIP：攪拌以低速開始是為了讓海綿中種與其他材料充分混合；當麵筋逐漸形成，連結性生成，再轉為中高速，從略有黏性與彈性的狀態到集結成團。麵團剛成團時的質地仍偏硬，持續攪拌，麵團越見均勻而光滑並具延展性。

4 第一次發酵：在工作檯上用手再次將麵團揉勻，收攏後滾圓。將麵團放入抹好植物油的容器中（植物油為食譜份量外），蓋上濕的廚房巾後靜置約 60 分鐘（依麵團實際發酵狀態調整時間），直到麵團體積膨脹到約 1.5 ～ 2.0 倍大。G

TIP：發酵測試：可用目測與手觸兩種方式來辨識麵團是否達到理想發酵狀態。目測法是以麵團的膨脹度來判斷。手指測試是用沾麵粉的手指插入麵團，藉指痕狀態來判定麵團的彈性與發酵程度。H

5 第二次發酵：工作檯上撒手粉（食譜份量外），容器倒扣倒出麵團，拍壓麵團排氣後，再次揉成均勻麵團，壓平後，輕拉邊緣往中心點捏合，重複動作兩次，麵團成球型包子狀，翻面，收口朝下，再次滾圓，蓋上容器在室溫中進行第二次發酵約 20 ～ 30 分鐘。麵團體積膨脹約一倍大。I J K L

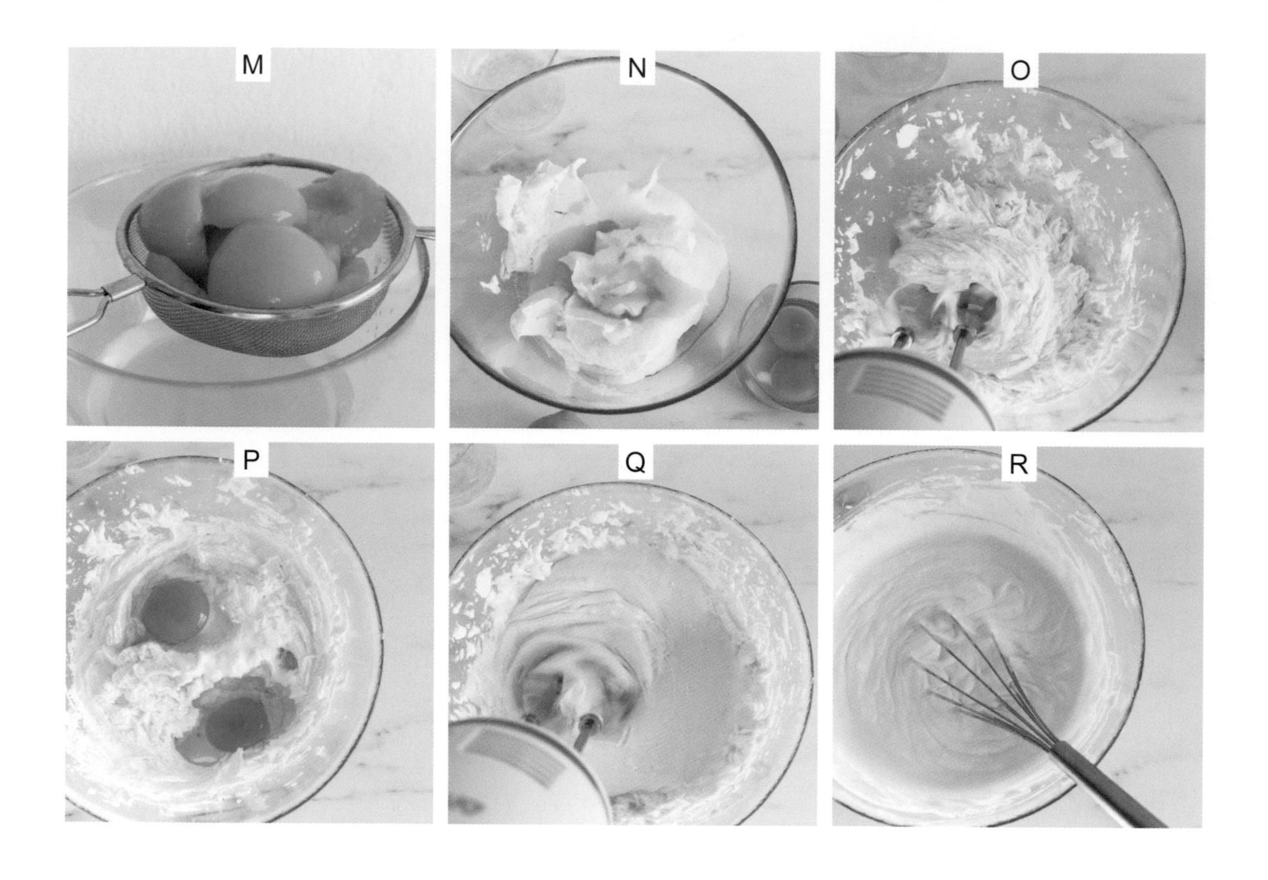

內餡

1 罐裝水蜜桃瀝乾糖水，靜置備用。此食譜只使用果肉。M

2 奶油乳酪瀝除多餘水分。

3 使用電動攪拌機搭配打蛋鉤，將奶油乳酪、細砂糖、融化奶油、鹽以最低速攪拌成均勻的乳酪糊。N O

TIP：融化奶油不宜過熱，約為手摸不燙的溫度。

4 加入雞蛋後，持續以低速攪拌。P Q

TIP：雞蛋與乳酪融合即可，不需打發，避免攪拌過多空氣。

5 篩入玉米粉，使用打蛋器手動拌合，直到質地均勻不見粉粒即可。乳酪糊成濃稠狀。R

6 拌入檸檬皮屑。完成後蓋上保鮮膜，冷藏靜置備用。

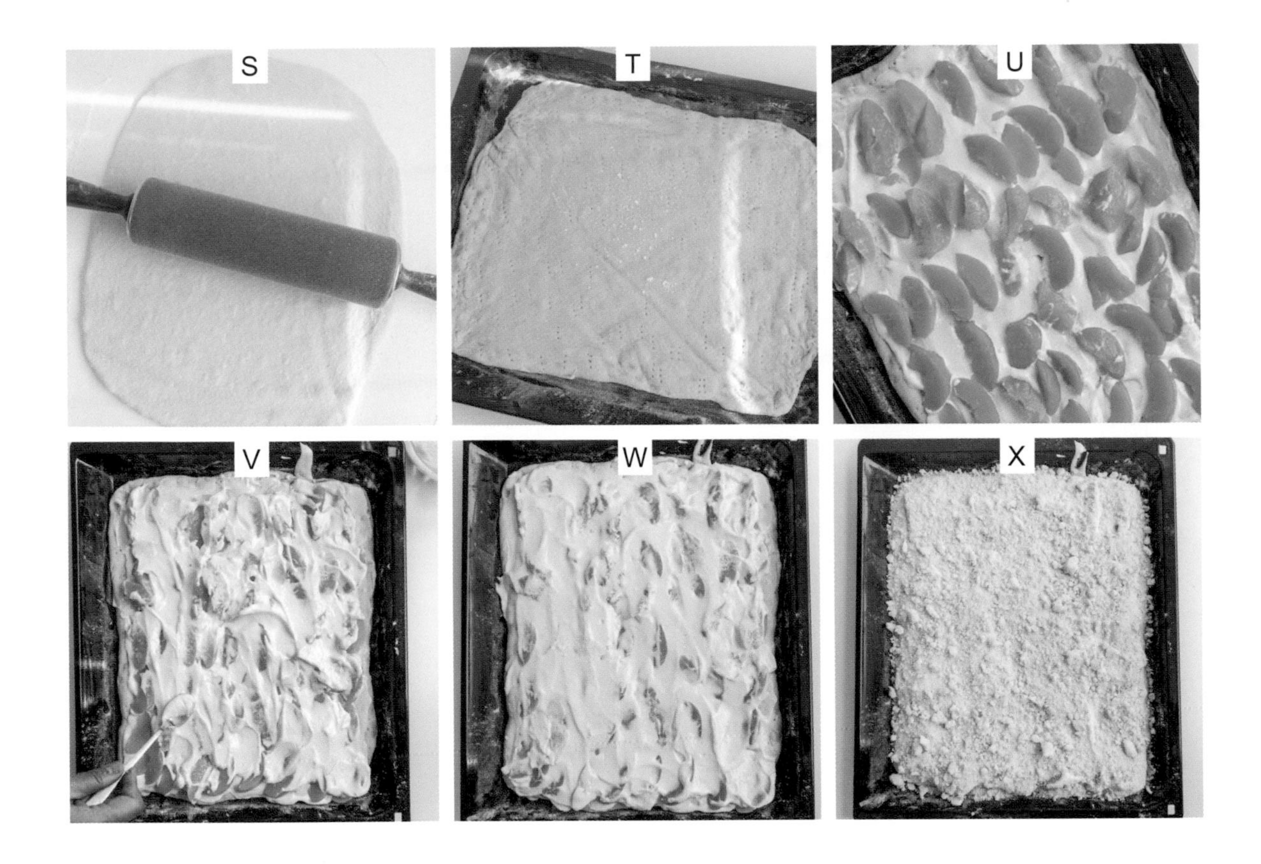

組合

1 麵團整型：麵團上撒手粉，用擀麵杖擀成約 30×40 公分的長方形。S

2 麵團入烤盤後，用叉子在麵團上叉出小孔。T

3 取一半的乳酪糊抹在麵團上，完全覆蓋麵團就可以，不平也沒有影響。再放上瀝乾後切片的水蜜桃。U

4 將所有剩下的乳酪糊抹在水蜜桃切片上。V

5 最後發酵：蓋上廚房巾，進行最後發酵約 30 分鐘。照片為最後發酵完成的狀態。W

6 在水蜜桃乳酪夾心上均勻撒上冷藏的酥菠蘿粒。完成後入爐烘焙。X
TIP：冷藏的酥菠蘿直接使用，無需回溫。

烘焙 Baking

| 烤箱位置 | 烤箱中層，網架正中央
| 烘焙溫度 | 180℃／上下溫
| 烘焙時間 | 35 ～ 40 分鐘
* 整體上色均勻。
| 出爐靜置 | 出爐後連烤盤靜置在網架上散溫，用小刀先沿著烤盤劃開沾黏處，防止乳酪切片在散熱內縮時裂開。
| 裝 飾 |（可省略） 食用前撒上糖粉作為裝飾。

寶盒筆記 Notes

- 水蜜桃乳酪夾心酥菠蘿切片出爐後，烤盤還有餘溫會繼續加熱，加上烤盤抹油撒粉的緣故，底部的烤色因此較深。
- 水蜜桃乳酪夾心酥菠蘿切片，溫熱享受，美味異常。略微降溫後，乳酪夾心的質地仍非常軟，雖然難以切得漂亮，不過滋味飽滿，略具舒芙蕾的滑潤感，尤其讓人喜歡。建議嘗試。
- 如希望脫模需等完全冷卻後。因乳酪內餡的緣故，需等水蜜桃乳酪夾心完全冷卻，凝結固定後才能脫模與切片。切片後應裝盒冷藏保存。

no. 29

核桃肉桂酥菠蘿
地瓜肉桂捲 Sweet Potato Cinnamon Rolls with Walnut & Cinnamon Streusel

地瓜與肉桂的組合裡有樸實的甜與溫辛的甘，
以核桃與肉桂合體的酥菠蘿裡有堅果的味與木質的香，
彷彿平鋪直敘，實則百轉千迴。
地瓜肉桂捲，為幸福而存在。

材 料 Ingredients

酥菠蘿 a
核桃（搗碎）… 40g
中筋麵粉 … 80g
鹽 … 1 小撮
肉桂粉 … ½ 小匙
深色紅糖 … 50g
無鹽奶油（室溫）… 40g

甜麵團
海綿中種 b
全脂鮮奶（溫熱）… 70g
高筋麵粉 … 50g
即發乾酵母（適用高糖配方）… 7g
細砂糖 … 1 小匙
主麵團 c
地瓜泥（作法請見 p.272）… 200g
高筋麵粉 … 450g
細砂糖 … 60g
動物鮮奶油 35%（冷藏）… 65g
雞蛋（冷藏）… 1 個
鹽 … 5g
無鹽奶油（融化）… 60g

內餡 d
無鹽奶油（融化）… 35g
深色紅糖 … 100g
錫蘭肉桂粉 … 12 ~ 15g

其他
雞蛋（打散，刷蛋液用）… 1 個
全脂鮮奶（刷蛋液用）… 30g
糖粉（糖霜用）… 50g
玉米粉（糖霜用）… ½ 小匙
冷開水（糖霜用）… 2 ~ 2½ 小匙
糖粉（裝飾用）… 適量

模 具 Bakeware

30×40 公分大烤盤

製作步驟 Directions

酥菠蘿

1 將核桃先搗碎或切碎。

2 容器中陸續篩入麵粉、鹽、肉桂粉，加入紅糖、搗碎的核桃、切塊的奶油。A

3 用手將奶油與其他食材搓合成不規則散落的酥菠蘿粒就完成。B

4 蓋上保鮮膜，冰箱冷藏靜置，備用。C

地瓜泥

- 烤箱預熱：上下溫 200℃。
- 大烤盤鋪烘焙紙備用。

1 地瓜帶皮洗淨，放在鋪好烘焙紙的大烤盤上，進烤箱以 200℃ 烘焙約 30 ～ 40 分鐘（依照地瓜實際大小調整時間）。烘焙約 20 ～ 25 分鐘時，翻轉地瓜讓底部朝上使受熱均勻。

2 完成時的地瓜會見到流出糖汁。等冷卻時去除外皮，用食物調理機打成地瓜泥，或用叉子壓成泥，備用。D E F

TIP：地瓜泥使用於主麵團的製作時應已完全冷卻，避免導致麵團升溫而影響質地。可提前或是前一天製作地瓜泥，加蓋冷藏，保鮮備用。使用時，直接加入，無需回溫。

海綿中種

1 鮮奶加熱至 35℃ 左右。麵粉中加入即發乾酵母略微混合，倒入溫熱鮮奶後加入糖，並用叉子略微攪拌。在表面撒上少許麵粉，蓋上廚房巾靜置 10 ～ 15 分鐘。直到海綿中種體積膨脹，表層麵粉有裂紋，可以看到大小氣泡，表示酵母產生活力就可使用。G H I

A
B
C
D
E
F
G
H
I

主麵團

1. 攪拌鋼盆中先加入海綿中種，再陸續加入麵粉、砂糖、鮮奶油、雞蛋、地瓜泥。A

   TIP：保留約 15 ～ 20g 的動物鮮奶油作為調節之用，僅在最後攪拌階段，需要時才加入。

2. 使用電動攪拌機搭配麵團鉤，先以 2 段速低速混拌約 3 分鐘。B

3. 將鹽均勻撒在麵團後，繼續用 2 段速低速攪拌約 3 分鐘。最後慢慢倒入融化奶油，轉為 4 段速中高速攪拌直到麵團集結成團。完成的麵團質地平滑並有光澤，鋼盆壁面無殘餘的麵疙瘩，麵團有擴展性，達到薄膜階段。C

   TIP：揉麵到位與否會直接影響成品的體積與色澤、風味與口感。感覺麵團接近完成時，可用「薄膜測試」幫助確認：取約李子大小的麵團，用雙手將麵團慢慢撐開，盡可能不要拉破，如薄膜的厚度均一，破口平滑，表示揉麵完成。

4. 將完成攪拌的麵團倒在工作檯上，用手揉均勻後，連續拉起外緣的麵團往中心點壓一下，重複動作，麵團成球狀。D

5. 讓麵團折口朝下，掌心朝上像是輕輕托住麵團，從外側往身體側收合，麵團在工作檯與手掌間滾動，手托麵團再次以外側為起點收合滾圓，連續幾次，麵團成圓球狀。E

   TIP：麵團終溫是 26℃。為確保質地，麵團溫度不應高於 30℃。F

6. 大容器抹上植物油防沾（植物油為食譜份量外），放入滾圓的麵團，蓋上濕的廚房巾後靜置約 60 分鐘（依麵團實際發酵狀態調整時間）。G

7. 第一次發酵完成，麵團膨脹至原體積約 1.5 ～ 2.0 倍大，麵團細緻而光滑。H

   TIP：麵團基礎發酵測試：用沾上麵粉的手指插入麵團會在麵團上留下凹痕，即是達到理想的發酵程度。如果凹痕很快消失，表示應再延長發酵時間。

8. 將麵團倒扣在工作檯上，拍壓麵團排氣後，再次揉成均勻麵團，用手壓平，以順時鐘或逆時鐘方向連續輕拉麵團邊緣往中心點壓合，完成一圈，再重複動作一次。I

A
B
C
D
E
F
G
H
I

內餡與組合

- 完成最後發酵 15 分鐘前開始預熱烤箱：上下溫 180℃。
- 大烤盤鋪烘焙矽膠墊。

1 麵團整形：工作檯與麵團上撒手粉（食譜份量外），麵團收口朝上，將麵團擀成約寬 35× 長 45 公分的長方形。A

TIP：擀麵時如發現麵團一再回縮無法擀平時，表示麵團鬆弛不足。只需將麵團加蓋靜置約 10 ～ 15 分鐘即可。如強行用力擀壓延展性不佳的麵團，入餡捲起後麵捲會回彈，進入最後發酵時，麵包捲或會因膨脹的拉力而導致麵捲處斷裂、露餡、變形等狀況。

2 填入內餡：先均勻刷上融化奶油。在 45 公分長邊的一側，保留約 2 公分不抹奶油，以利收口。可將收口邊擀得稍微薄一點。B

TIP：環境室溫較高時可用室溫奶油操作。

3 接著撒上深色紅糖，用手抹平即可。C

4 再均勻篩上肉桂粉。D

5 從長邊處鬆鬆捲起，收口處抹上一點清水後再壓合。肉桂捲收口朝下。E F

6 切割成 12 個肉桂捲。建議對切再對切成四段，每段再等分為 3 個。兩側的肉桂捲會較小。G

7 切好的肉桂捲平放入鋪好矽膠墊的大烤盤上，稍微整形成圓，肉桂捲間留下發酵間距。蓋上濕的廚房巾，進行最後發酵約 45 ～ 60 分鐘，約達原體積的 1.5 倍。H I

TIP：以麵團實際發酵狀態為基準調整發酵時間。

8 雞蛋與鮮奶均勻打散，在發酵好的肉桂捲頂部來回刷上蛋液。

9 撒上冷藏的酥菠蘿粒，用手或刮板輕壓輔助酥菠蘿粒沾黏在肉桂捲上。

TIP：冷藏的酥菠蘿直接使用，無需回溫。

10 將肉桂捲移往抹好薄薄奶油的大烤盤上，完成後入爐烘焙。

TIP：另外將肉桂捲挪往大烤盤烘焙，撤除原本墊在肉桂捲下、為了方便收集散落的酥菠蘿粒的黑色矽膠墊。

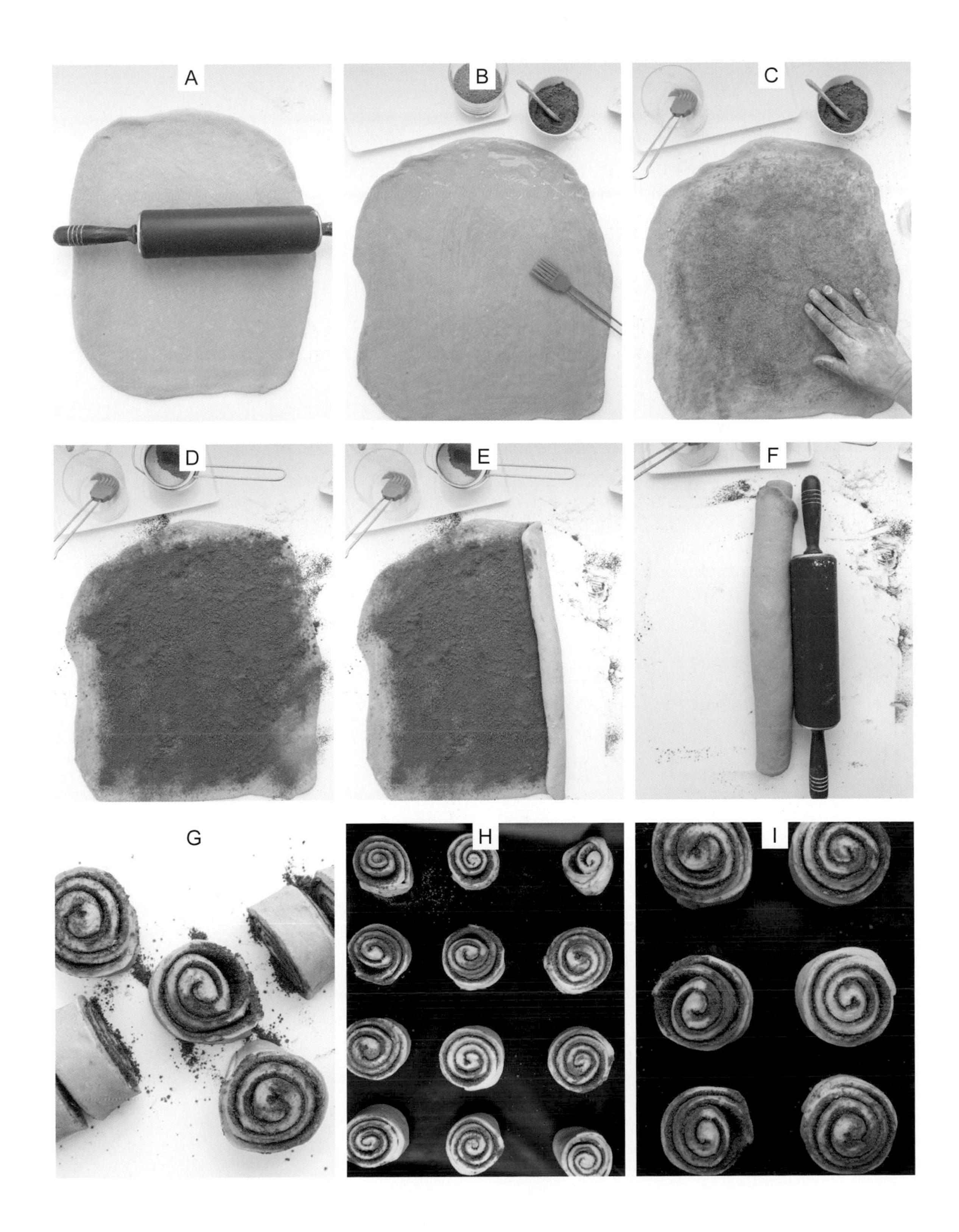
A
B
C
D
E
F
G
H
I

烘焙 Baking

| 烤箱位置 | 烤箱中下層，網架正中央

| 烘焙溫度 | 180℃／上下溫

| 烘焙時間 | 22 ～ 28 分鐘

* 整體上色均勻。

| 出爐靜置 | 肉桂捲表面均勻上色後就可出爐。肉桂捲連烤盤靜置在網架上，待略微降溫，再從烤盤上移往網架上。A

*烤盤留有餘溫，即使出爐後也會繼續加熱，會讓沒有移開的肉桂捲底部持續烘焙。

A

裝飾 Decorations

1 製作糖霜：糖粉與玉米粉混合，分 2 ～ 3 次加入冷開水，每次加入都攪拌均勻，依個人偏愛的糖霜濃稠度調整冷水用量。

TIP：水分少，糖霜濃，流動慢；水分多，糖霜稀，流動快。

2 在肉桂捲上淋上糖霜。部分可撒糖粉裝飾。B

B

寶盒筆記 Notes

- 製作地瓜肉桂捲所需的辛香料肉桂粉，品質與風味至為關鍵。因原產於斯里蘭卡而得名的錫蘭肉桂粉 Ceylon Cinnamon，有軟質的細緻感，微辛中帶出甘甜，溫煦而不刺鼻的香氣，適用於各式高等級的經典糕點，是個非常好的選擇。
- 即發乾酵母 7g 可用新鮮酵母 21g 取代。
- 前置準備海綿中種，雖非必要卻有兩個重要的優點：
  1. 確認酵母活力。
  2. 加溫的鮮奶在激活酵母的 10 ～ 15 分鐘過程中同時會降溫，當海綿中種與其他食材一併以較低的基礎溫度進入主麵團製作，可以調節麵團在攪拌過程因摩擦力升溫的現象。
- 食譜中所寫的發酵時間，均以操作當日的環境溫度與濕度為準，是參考值，不是絕對值，應以麵團實際的發酵狀態為判定的依歸。眾所周知，各品牌麵粉的品質不盡相同，吸水量各異。建議製作前預留少量的液態材料作為調節用。以地瓜肉桂捲為例，可預留約 15 ～ 20g 動物鮮奶油，依麵團實際狀態，僅在需要調整麵團軟硬度時再加入。如麵團質地理想，當然可能發生剩料狀況。
- 沒有電動攪拌機的時候，可以手揉麵團。不管機械帶來多少簡便，永遠無法替代手動操作的靜謐與韻律所帶來的體會。除此之外，我深信親手揉過麵團，感受麵團之後，能更瞭解麵團。

- **肉桂捲該不該收口？**

  採收口方式製作的肉桂捲，因麵團的橫向膨脹受到限制，能夠形成中央向上突起的小山外型。如將整片麵團抹上餡料、沒有留邊收口，餡料中的奶油會阻隔麵團黏合，導致完成的肉桂捲從收口處崩開，外型趨向平坦，同時也因麵團膨脹鬆開，讓捲數層比原來少。

  沒有收口的肉桂捲，則可以在擺入烤盤時減少間距，放得較擁擠。當橫向膨脹空間不足，肉桂捲只能向上膨脹，烘焙後相互黏合成形，即使沒有收口也不會崩散。

- **肉桂捲的螺旋與滋味**

  麵皮較厚的肉桂捲螺旋捲數少，麵皮較薄的肉桂捲螺旋捲數多。不可否認，肉桂捲的螺旋捲數越多，外觀上越漂亮。

  厚層的肉桂捲雖然沒有很多美麗的螺旋，卻在每層寬而厚的螺旋中找得到麵包應有的蓬鬆與美味口感，若以滋味來說，夾在厚螺旋中的濃郁奶油肉桂紅糖風味也因此更加明顯與突出。

  嘗試厚薄不同的肉桂捲，在螺旋與滋味的周旋中，尋得個人偏愛的均衡。

no. 30

橙皮酥菠蘿
橙橙司康

Orange Streusel Scones

橙橙的滋味裡，有層層的甜蜜，有乘乘的幸福。
以發酵奶油結合動物鮮奶油的豐醇鎖住司康的麥香，
以新鮮橙皮的暖香，賦予司康一個剛柔並濟的靈魂。

材 料 Ingredients

酥菠蘿

中筋麵粉 … 15g
無鹽奶油（室溫）… 10g
細砂糖 … 10g

橙皮糖

新鮮香橙 … ½ 個
細砂糖 … 5 ～ 10g

司康

中筋麵粉 … 180g
泡打粉 … 1½ 小匙
鹽 … 1/8 小匙
香草糖 … 1½ 小匙
新鮮香橙的皮屑 … 1½ 個香橙
細砂糖 … 25g
無鹽奶油（冷藏，切片）… 55g
蜜漬橙皮丁（碎丁狀）… 100 ～ 120g
全蛋蛋汁（冷藏）… 30g
動物鮮奶油 35%（冷藏）… 70g

其他

動物鮮奶油 35% … 1 ～ 2 小匙
糖粉 … 適量

模 具 Bakeware

烤盤

前置作業 Preparations

烤箱預熱：上下溫 200℃。
烤盤鋪烘焙紙。

製作步驟 Directions

酥菠蘿

1 將麵粉、奶油、砂糖混合，用指尖搓成粗砂狀。蓋上保鮮膜，冷藏備用。

橙皮糖

1 用指尖將香橙皮屑與砂糖搓合，冷藏備用。

司康

1 麵粉、泡打粉、鹽、香草糖用叉子混合後，加入香橙皮屑、砂糖與切成片狀的奶油，一併用手將奶油與其他食材搓成粗砂礫狀。A

TIP：或可用食物調理機。

TIP：建議使用有機香橙，使用前先用熱水沖洗，擦乾後刨下香橙最外層的皮屑。

2 加入蜜漬橙皮丁混合均勻。B

3 蛋汁與鮮奶油先混合後倒入，利用叉子或刮板壓與翻讓食材成團。C D

TIP：司康麵團不必均勻光滑，只要大致上成團就可，即使留有散落的粉塊也沒有關係，在之後的翻折疊壓步驟會成為理想的司康麵團狀態。

4 工作檯上撒少許手粉，使用刮板將散落的粉塊放在麵團中央，略微壓平，切半，對折疊起。重複動作三次，將麵團整形成上下平整，厚度約 2.0 ～ 2.5 公分的司康麵團。E F

TIP：司康麵團避免過度操作。司康麵團在翻折疊壓前是碎碎的粉粉的，完成後的質地雖較為均勻，但仍不是光滑的。過度操作會影響司康應有的酥與鬆口感特質。

TIP：完成時的司康麵團，如果用手指輕壓會留下指痕，表示麵團溫度過高，麵團太軟。建議將麵團放入冰箱冷藏約 30 ～ 60 分鐘。

5 將司康麵團切割成形或壓模成形。示範壓模成形，使用直徑 5 公分壓模，可製作 7 ～ 9 個司康。G

6 壓模完成的司康放在鋪烘焙紙的烤盤上，保留間距。H

7 司康頂部先刷上動物鮮奶油，撒上酥菠蘿粒，最後撒上橙皮糖。完成後入爐烘焙。I

烘焙 Baking

烤箱位置　烤箱下層，網架正中央

烘焙溫度　200℃／上下溫

烘焙時間　12 ～ 15 分鐘

＊依司康的大小與厚度調整時間，直到司康整體呈淡金黃色澤。

出爐靜置　出爐後先留在烤盤上約 10 分鐘，等司康較定型時再移往網架上，待略微降溫即可享用。冷卻後裝入保鮮盒，不必完全密封。

裝　飾（可省略）　食用前撒上糖粉作為裝飾。

寶盒筆記 Notes

- 蜜漬橙皮丁，食譜中所使用的是義大利的 Aranzini，成品已切成碎丁狀，大小介於紅豆與綠豆間，使用前無需清洗。我另外用刀將橙皮丁再切得碎一點，讓橙皮丁在司康中保留明顯滋味，而無須特意咀嚼。可用自製的橙皮丁，使用前應瀝乾多餘水分。如果橙皮丁過乾，可以用約 1 ～ 2 小匙的杏仁利口酒、蘭姆酒或柳橙汁，於使用前浸漬一下。
- 可取代橙皮丁的另有：葡萄乾、椰棗、杏桃乾……等。
- 可用斯佩爾特小麥麵粉取代司康食譜中的中筋麵粉。

SPECIAL

烘焙廚房的
添味法寶

自製香草糖

Homemade Vanilla Sugar

家庭烘焙坊之寶。
僅需兩種食材就能完成天然雋永的香草糖。

材 料 Ingredients

細砂糖 … 250g
香草莢 … 2 ～ 3 支

製作步驟 Directions

1 將香草莢用小刀劃開莢子，將色澤黝黑帶油脂呈細小顆粒狀的香草籽用小刀刮出，加入細砂糖中，使用食物調理機的刀片配件，將糖與香草籽打均勻，或用篩子以過篩方式將香草籽與砂糖混合。A

2 將香草糖裝罐，再將已取籽的香草莢也壓入砂糖中，加蓋密封就完成。B

3 將香草糖存放在乾燥而無日照的地方，大約 2 ～ 3 週後就可以使用。每隔幾天都稍微搖晃瓶罐讓香草氣味均勻。

A

B

寶盒筆記 Notes

- 歐洲德語區的烘焙廚房中，香草糖絕對是必備材料之一。絕大部分的香草糖是作為甜味調味劑，拌入蛋糕麵糊或是加入餅乾與甜麵包麵團中，並可撒在出爐後的蛋糕與餅乾上成風味層，還可以加入咖啡、可可、奶昔、優酪乳等冷熱飲中調味。
- 香草糖的香草風味濃度可依所加香草莢的數量調整。僅以香草莢與砂糖兩種材料完成的香草糖，純淨而自然，氣味淡雅且溫煦宜人。
- 食物調理機不但可將香草籽打碎並均勻分佈在砂糖中，同時也將砂糖顆粒打得更細，糖粒越小，融化越快，在蛋糕麵糊中的均和度也更好。
- 為封存純淨的天然香草味，建議只用白砂糖製作。其他如原糖、紅糖、黃糖、黑糖等，本身已具有濃郁風味的糖，較不適用於香草糖的製作。
- 已刮出香草籽的香草莢還保有濃郁的香草味，可用於任何需要以香草調味的點心與料理中，例如與牛奶加熱製成香草布丁。

  也可直接將香草莢浸入高濃度的伏特加酒 Vodka 中泡酒成含酒精的香草精。每 500 毫升的伏特加酒加入 4 ～ 5 支香草莢，密封後放置在無陽光直射的陰乾處至少四週，浸泡的時間越長，香草風味越佳。
- 因香草糖內有糖，甜度較高，替換香草莢與香草精時，只需依使用量調減食譜配方中的糖量即可。

  * 香草莢 1 支 = 香草糖 3 大匙
  * 純香草精 1 小匙 = 香草糖 3 小匙

自製薑餅綜合香料粉

Homemade Gingerbread Spice Mix

薑餅香料粉是將各具辛口、暖香、苦甜、溫辣風味的多種香料粉混合而成的綜合香料。
可鹹可甜，兼具調味與提香，屬最受喜愛的常用綜合香料之一。

材 料 Ingredients

肉豆蔻粉 Nutmeg … 1g
薑粉 Ginger … 1g
綠豆蔻粉／小荳蔻粉 Green Cardamom … 1g
芫荽籽粉 Coriander … 1g
丁香粉 Cloves … 3g
錫蘭肉桂粉 Ceylon Cinnamon … 6g
* 所用香料都已經過研磨，呈粉末狀。

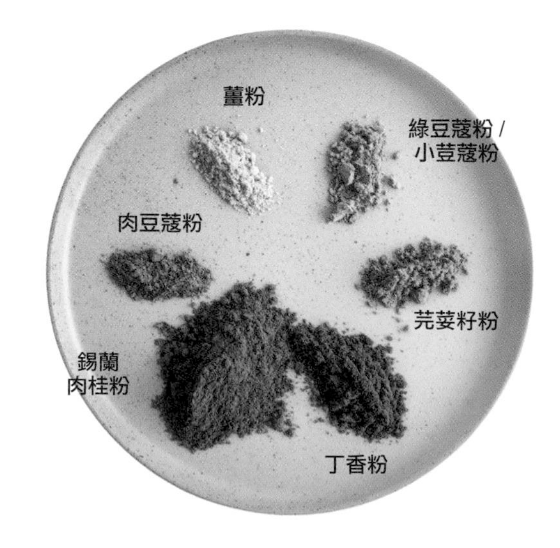

製作步驟 Directions

1 使用精準度 0.1 公克的微量電子秤，仔細秤出所需香料粉份量，用湯匙混合後裝入密封玻璃罐。A

2 裝罐後再次搖晃讓香料均勻即可。貼上品項與製作日期標籤。B

A

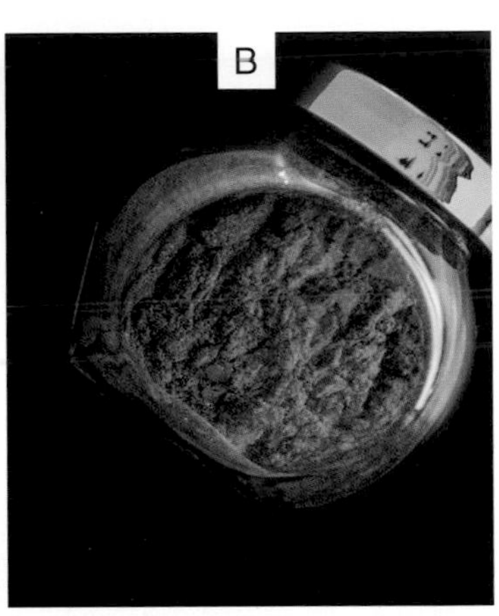
B

寶盒筆記 Notes

- 薑餅香料粉因其溫厚香氣與暖身特質，多用於冬天烘焙糕點中，尤其多見於感恩節與聖誕節的節慶用糕點，例如我們所熟悉的薑餅人餅乾、香料蛋糕、乾果與堅果麵包……等。除此之外，粉末狀薑餅香料粉易融於熱紅酒、咖啡、奶茶、燕麥粥、鬆餅、麵包麵團中，也可用於醬料、鮮奶油、慕斯、布丁、奶昔、蘋果泥、果醬、帕林內糖 Praline、巧克力的製作，可鹹可甜，兼具調味與提香，屬最受喜愛的常用綜合香料之一。

- 自家調製的薑餅香料粉多以食譜中的六種香料完成。如喜歡層次更豐富的香氣，還可另增兩種香料。

  ＊多香果粉 / 眾香子粉 All Spice 1g
  ＊大茴香籽粉 / 洋茴香粉 Anise Powder 1g

- 因香料譯名不同，許多香料同時有兩個，甚至有兩個以上的譯名，其中以茴香與豆蔻最容易讓人混淆。食譜中如「綠豆蔻粉／小荳蔻粉」，使用「／」分隔線符號表示相同的香料在市面上有兩個常見的譯名，可對照附註的香料英文名稱作為選購時的參考。

- 如以整顆粒的綠豆蔻研磨，應先將綠荳蔻在乾鍋中用溫火翻炒直到外莢略開，受熱後成偏黃的橄欖綠，等完全冷卻就可研磨成粉。

- 香料，一如所有食材一樣有保質期。特別當香料一旦經研磨成粉末狀後，想要封存香料的香氣更為不易。高溫與高濕度，空氣與陽光都會分解香料中的精油，讓香料失去原有的香氣與風味；某些香料因此產生質地上的變化而變酸或腐壞。

- 自製的香料粉應裝入能確實密封的玻璃罐中，放置於乾燥、陰涼、無陽光直射的地方；若保存正確，薑餅香料粉的賞味期可達一年。如以冷藏與冷凍保存，應先將香料真空密封處理，才能避免冰箱的濕氣讓香料變味或孳生黴菌。另外，因購入香料的商店，品管不一，自製香料粉即使沒有超過賞味期，使用前應先聞過與品嚐，如果香料不香，色澤改變，風味不顯，甚或有不尋常的味道等，都建議更新。

- 為保持薑餅香料粉的芬芳與質地，可於需要時再製作，或者少量製作新鮮使用，盡量不囤積為原則。

蘭姆酒葡萄乾

Rum Raisin

經蘭姆酒酒漬後的葡萄乾帶有獨特的蘭姆酒甘甜與原糖香氣，
是烘焙廚房必備的美味法寶。

材料 Ingredients

葡萄乾 ⋯ 250g
蘭姆酒 ⋯ 125 ～ 200g

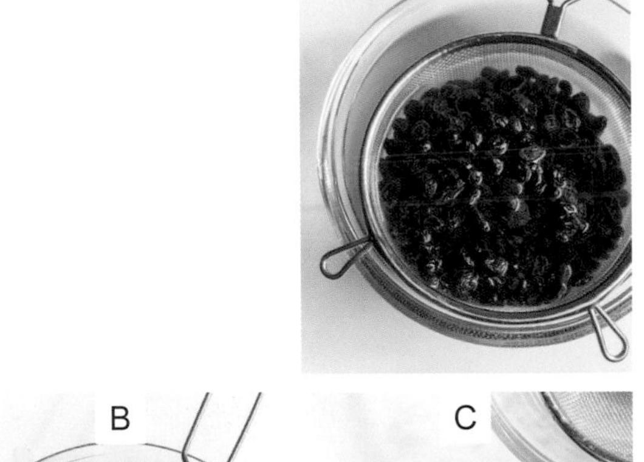

製作步驟 Directions

1 葡萄乾放入篩子中，底部墊大碗。倒入熱開水直到淹過葡萄乾，浸泡 5 分鐘。如有需要，先以熱開水沖洗，再換熱開水浸泡。A

2 浸泡 5 分鐘後，靜置瀝乾水分。B

3 將葡萄乾放入準備好的容器中，倒入蘭姆酒直到完全蓋過葡萄乾。所用容器不同，或會需要比食譜份量更多的蘭姆酒。加蓋封存。C

寶盒筆記 Notes

- 蘭姆酒葡萄乾可用於製作蛋糕、麵包、餅乾、塔派、冰淇淋……等。歐洲料理中的野味與肉類料理，也會藉蘭姆酒葡萄乾增味與提香。
- 蘭姆酒葡萄乾需加蓋封存，放在陰乾乾燥無太陽直射的地方熟成，浸泡約四週就可使用。
- 如急需使用，將清洗後的葡萄乾放入小鍋中，加入少許的清水煮沸後離火，倒掉過多的水分（無需瀝乾），再倒入蘭姆酒，加蓋靜置在室溫中冷卻，浸漬 1 ～ 2 小時就可使用。
- 只要容器與所用器皿是乾淨的，保存方式正確，蘭姆酒葡萄乾可保存二年。酒漬時間越長，酒味就會越濃，葡萄乾的甜味越淡。
- 在蘭姆酒中另可加入剖開的香草莢、有機檸檬皮、幾粒丁香等，增加風味層次。
- 用於浸漬的蘭姆酒可再次加入葡萄乾，或可用於蛋糕製作。我平常在使用兩輪後就全部捨棄。
- 葡萄乾應否清洗可自行決定。幾乎所有乾果都經過硫化處理以保質、防菌、抗氧化與美觀。使用熱開水清洗與浸泡都能去除殘留在乾果中的二氧化硫。因蘭姆酒葡萄乾酒漬所需時間較長，清洗一下會安心許多。

海鹽焦糖醬

Salted Caramel

加入奶油的海鹽焦糖醬以更勝一籌的
豐濃風味與華美口感，
呼喚每位焦糖迷集合。

材料 Ingredients

砂糖 ⋯ 145g
無鹽奶油（切塊，室溫）⋯ 65g
動物鮮奶油（室溫）⋯ 80g
鹽之花或海鹽 ⋯ ¼ ～ ½ 小匙
香草精 ⋯ ½ 小匙

製作步驟 Directions

1 將所有的糖倒入厚底鍋，盡量均勻分散，以中小火加熱，外緣的糖會先融化。當六成的糖融化時晃動鍋子讓糖漿流動均勻受熱。不斷晃動鍋子直到糖粒完全融化，離火不再加熱並熄火。A B C

TIP：糖融成糖漿時會開始慢慢上色，從淡褐色轉為略帶透明的深琥珀色。從滋味豐美的深琥珀色焦糖變成必須拋棄的近黑色帶苦味的焦糖，時間很短，一定要顧爐。

TIP：焦糖溫度極高，先準備冷水盆幫助降溫，操作時應注意安全，不可立即品嚐避免燙傷。

2 在糖漿中加入切塊奶油，使用打蛋器手動拌合。加入奶油後，焦糖色澤轉淺並呈透明。D

3 慢慢倒入動物鮮奶油。邊倒邊攪拌均勻。E F

TIP：倒入鮮奶油時避免倒得太快或太多，滾沸的焦糖醬往上衝時會有燙傷危險。

4 最後加海鹽與香草精，拌勻就完成。裝瓶加蓋保存。G H

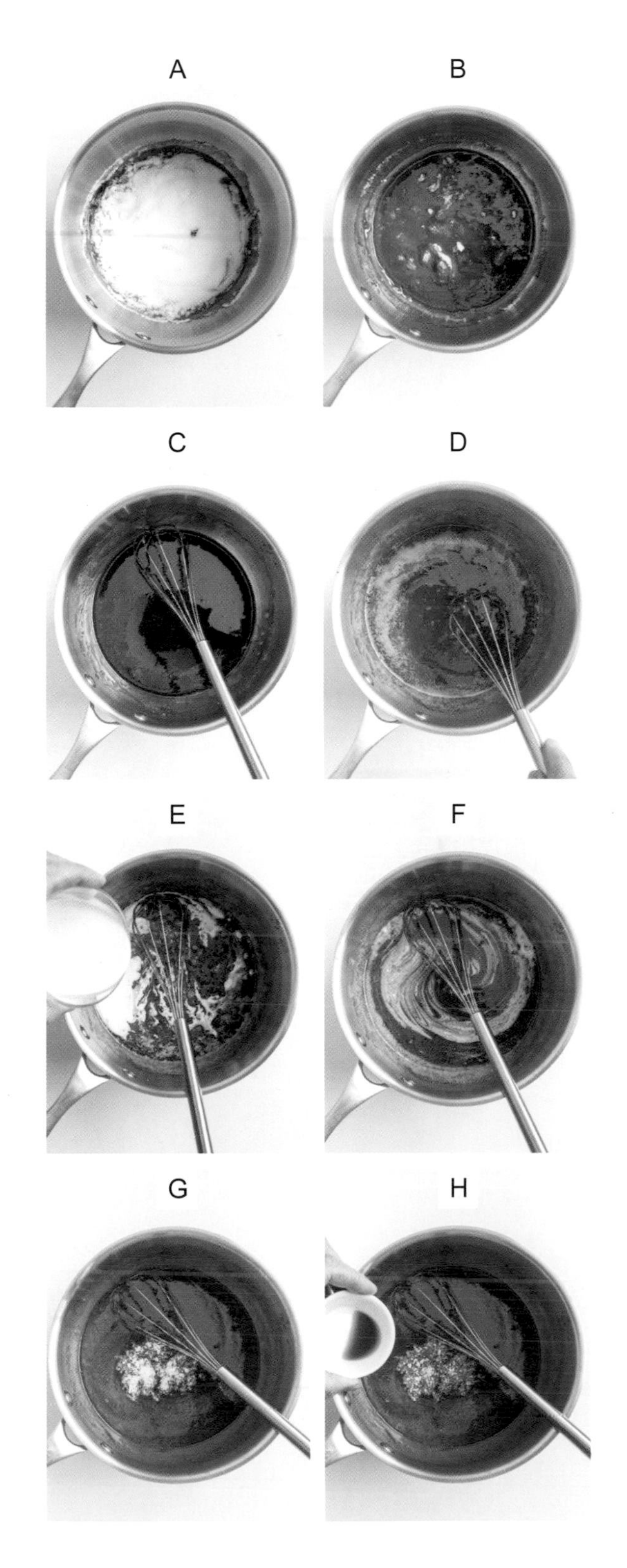

寶盒筆記 Notes

- 海鹽焦糖醬剛完成時是流質狀態，冷卻後成濃稠狀。
- 讓海鹽焦糖醬固化：冰箱冷藏。
- 讓海鹽焦糖醬重新成半流質狀：靜置在溫水盆中，用湯匙攪拌幫助軟化即可。
- 不同的鹽給焦糖醬不同的風味詮釋，例如：夏威夷黑鹽、英國的煙燻海鹽、法國的鹽之花。
- 海鹽焦糖醬可作為蛋糕、餅乾、冰淇淋的淋醬與內餡，可作為吐司與麵包的抹醬。
- 裝瓶加蓋冰箱冷藏保存，保鮮時間約 2 ~ 3 週。

從毀損中重建 ——
以另一個角度看待失敗

無論站在烤箱前的時間多長，重複過多少練習，無可避免的，在某個時刻，你我都會重新回到只有我們自己所知因失敗而沮喪的路上。

在鼓起勇氣再次嘗試前，我個人覺得最難的第一件事是「認錯」。若無法認知錯誤，打破窠臼，進行的修正都不具建設性，結果只是不斷的複製錯誤罷了。

失敗，對我來說，是學習過程中的重要導師。

因挫敗而有機會認清失誤，檢視步驟，細思過程，查找問題點，尋求解答，重新投入，繼而從挫折中重獲繼續向前的動力。隨著失敗而來的「修煉」，其間，因此而得到深刻的體悟以及珍貴的經驗值，是整個學習過程中的無價之寶。

私心相信所有的甜點師都曾經燒壞過至少一鍋焦糖。正因失敗焦糖其無法掩藏又如此難忘的焦苦味，因此，焦糖的火候，那微小而不可忽略的決定性分野，能夠永遠的被收錄在腦海的記憶庫中。燒壞一鍋糖教會我們怎麼煮出一鍋美味焦糖，如何掌握重點操作細節，並記住焦糖的美與苦；從「挫敗→重新嘗試→成功」歷程中換得的正是屬於個人的無價經驗值。

並不是所有快捷的道路都通往目的地。

並非最完美的就是最想要的或最適合的。

試著從另一個角度看待失敗，善於利用失敗所激發出的求知欲及戰鬥力等好能量，同時也讓挫敗以及從挫敗而得的教訓成為自己的一部分，一日又一日的，在面對毀損的時候也不放棄重建的努力，一步又一步的，耐心前行，終會接近期待的目標。

在此分享加拿大籍的創作詩人與歌手倫納德 · 科恩（Leonard Cohen）所說：

「萬物皆有裂痕。光就是這樣進來的。」

"There's a crack in everything. That's how the light comes in."

—— By Leonard Cohen

（Canadian singer-songwriter, poet and novelist）

希望，每當我們在失敗門前惆悵迷惘時，始終擁有一心勇氣所生的指引之光。

台灣廣廈國際出版集團 Taiwan Mansion International Group

國家圖書館出版品預行編目（CIP）資料

德式酥菠蘿烘焙全書：經典德式奶酥的美味應用！一吃就愛的蛋糕×塔派×酥餅×麵包，奧地利寶盒的家庭烘焙 /奧地利寶盒（傅寶玉）著. -- 新北市：台灣廣廈, 2024.06
296面； 19×26公分
ISBN 978-986-130-625-4（平裝）
1.CST: 點心食譜

427.16　　113007293

德式酥菠蘿烘焙全書

經典德式奶酥的美味應用！一吃就愛的蛋糕×塔派×酥餅×麵包，奧地利寶盒的家庭烘焙

作者・攝影／奧地利寶盒（傅寶玉）
編輯中心執行副總編／蔡沐晨・**編輯**／蔡沐晨・許秀妃
封面設計／曾詩涵・**內頁排版**／菩薩蠻數位文化有限公司
製版・印刷・裝訂／皇甫・皇甫・秉成

行企研發中心總監／陳冠蒨
媒體公關組／陳柔彣
綜合業務組／何欣穎
線上學習中心總監／陳冠蒨
產品企製組／顏佑婷、江季珊、張哲剛

發　行　人／江媛珍
法 律 顧 問／第一國際法律事務所 余淑杏律師・北辰著作權事務所 蕭雄淋律師
出　　　版／台灣廣廈
發　　　行／台灣廣廈有聲圖書有限公司
地址：新北市235中和區中山路二段359巷7號2樓
電話：（886）2-2225-5777・傳真：（886）2-2225-8052

代理印務・全球總經銷／知遠文化事業有限公司
地址：新北市222深坑區北深路三段155巷25號5樓
電話：（886）2-2664-8800・傳真：（886）2-2664-8801
郵 政 劃 撥／劃撥帳號：18836722
劃撥戶名：知遠文化事業有限公司（※單次購書金額未達1000元，請另付70元郵資。）

■出版日期：2024年06月
ISBN：978-986-130-625-4
版權所有，未經同意不得重製、轉載、翻印。

Complete Copyright © 2024 by Taiwan Mansion Publishing Co., Ltd.
All rights reserved.